四大直辖市
碳排放现状及差异化低碳发展路径

Research on the current situation of
the Carbon Emissions and the Emission Reduction paths in
four Municiplities of China

唐敏 王路云 刘一平 赵丽英 李珂珂 徐晶晶 朱静◎著

U0338462

经济管理出版社
ECONOMY & MANAGEMENT PUBLISHING HOUSE

图书在版编目（CIP）数据

四大直辖市碳排放现状及差异化低碳发展路径/唐敏等著. —北京：经济管理出版社，2017.6

ISBN 978-7-5096-5172-8

Ⅰ.①四⋯ Ⅱ.①唐⋯ Ⅲ.①城市—二氧化碳—排气—研究—中国 Ⅳ.①X511

中国版本图书馆 CIP 数据核字（2017）第 135853 号

组稿编辑：陈　力
责任编辑：杨国强　张瑞军
责任印制：黄章平
责任校对：超　凡

出版发行：经济管理出版社
　　　　　（北京市海淀区北蜂窝 8 号中雅大厦 A 座 11 层　100038）
网　　址：www.E-mp.com.cn
电　　话：（010）51915602
印　　刷：北京玺诚印务有限公司
经　　销：新华书店
开　　本：720mm×1000mm/16
印　　张：11.5
字　　数：226 千字
版　　次：2017 年 12 月第 1 版　　2017 年 12 月第 1 次印刷
书　　号：ISBN 978-7-5096-5172-8
定　　价：48.00 元

目　录

第一章 绪 论

第一节 研究背景

国际社会对气候变化的科学认识不断深化,应对气候变化的共同意愿越来越强烈。随着全球的温室气体排放量以每年2.2%的速度递增,极端天气和地质灾害频现,雾霾不断,世界各国逐渐开始重视温室气体排放的问题,低碳发展成为国际潮流和全球共识。美国、日本、德国、英国、加拿大、芬兰、瑞典、荷兰等发达国家纷纷出台低碳发展政策,积极响应"低碳经济",并采取对应的措施,以低能耗、低污染、低排放为基础的低碳发展模式应运而生,并成为各国实现可持续发展的重要战略选择。但是,低碳发展对于发达国家和发展中国家却有不同的含义,就发展阶段而言,发达国家已经进入到知识经济与后工业化时代,但发展中国家仍然处于工业化时期;就发展目标而言,发达国家期望在不降低现有的生活水平的前提下实现减排,但发展中国家则期望在保证经济合理增长的前提下实现减排;从国家发展过程而言,发达国家经历了先发展后减排、先高碳后低碳的发展阶段;而对于新兴经济体现在是要边发展边减排,与发达国家一起转为低碳发展,显然,所面临的压力会更大。

中国是发展中国家，总体上还处于工业化中期和城镇化加速期，离工业化和城镇化目标还有很长一段路要走。在完成工业化进程中，产业结构转型升级，经济体量做大做强，都要求更多的能源消耗和建设投入，这势必是一个高能耗、高排放的过程；随着快速的工业化和城市化进程，大量人口进入城市，给建筑、基础设施、交通带来了巨大的需求，也带来了巨大的且持续增长的能源需求和温室气体排放，居民生活中能源需求的碳排放与区域经济发展表现出高度正相关趋势；随着城市化进程的加快，居民的生活水平显著提升，其消费模式日益呈现出过度包装、快速消费品及耐用消费品过度消费、餐桌浪费等高碳消费现象，导致产品生产过程中的碳排放增加更快。因此，在人口城镇化和经济结构转型的双重拉动下，居民消费模式变迁对我国未来能源供应与碳排放的影响至关重要。因此，中国在较长的一段时间内将面临既要高消耗地发展，又要低排放地推进的困境。实际上，我国的累积碳排放和人均碳排放并不太高，主要原因是我国的人口基数大，以至于碳排放总量居高不下，2013 年碳排放总量达到 100 亿吨左右，占全球排放量的29%，作为最大的发展中国家，中国的二氧化碳排放量居世界之首。为了响应国际社会的号召，国家发改委于 2014 年 11 月 4 日公布了减排的首个国家专项规划《国家应对气候变化规划（2014～2020 年）》，明确了温室气体减排的目标：到 2020 年，全国一次能源消费总量控制在 48 亿吨标准煤左右；单位国内生产总值二氧化碳排放比 2005 年下降 40%～45%。同年，在《中美气候变化联合声明》中提出了启动气候智慧型低碳城市的倡议，中国政府宣布 2030 年左右二氧化碳排放达到峰值并尽可能地提前。2015 年巴黎气候峰会上，中国也承诺为应对气候变化做出贡献，并提交了峰值目标。由此可以看出，我国非常重视关于温室气体减排的问题，尤其是以二氧化碳为主要排放源的产业发展，努力实现碳减排，积极推进低碳经济社会发展模式。

根据 IPCC 第五次评估报告和相关研究可以得知，城市发展进程中的能源消耗量在全球能耗总量中占比较高，达到了 67%～76%，同时经济总量也占了很大比重，占全球 GDP 的 80% 左右，碳排放的很大一部分原因是人类活动能源的消耗。因此我国城市化过程中不可避免地伴随着碳排放，其中二氧化碳的排放量占全球总排放量的 70% 以上，二氧化碳又是温室气体排放的主要成分，是气候变化的重要源头之一，城市化进程的加快也是人类活动影响气候变化的最重要因素之一。《2016 年健康城市蓝皮书》指出：到 2020 年我国的城市化率将达到 60%。中国未来几十年的城市发展意味着城市化和工业化进程的继续推进，意味着居民收入的提高和生活质量的改善。城市必须要保障居民的基本生活需求、充足的工作机会、安全的饮用水、清洁的空气、丰富的食物、完善的社会保障、尊严和幸福感、孩子的良好成长环境等。对安全要素生产率和碳生产率提出了更高的要求，这将使经济发展更少地依赖于劳动力、能源和资源的投入，而更注重环境保护，最终产生更少的温室气体。但我国地域辽阔，各区域各城市之间发展不尽相同，各区域工业化及城市化进程的差异巨大，以至于各省区之间的碳排放差异很大。从国家层面看，呈现东强西弱的态势，从区域层面看，呈现核心强边缘弱的态势。东部大多区域已处于工业化后期，城镇化也进入中后期发展，其优化开发区已完成工业化，步入后工业化进程，城镇化水平已达到发达国家水平。相对而言，西部大多区域还处于工业化中前期，城镇化正在加速建设中，甚至有些边缘区还没有步入工业化进程，城镇化的建设刚刚起步。为了探索适合我国国情的低碳发展路径和低碳转型道路，2010 年中国先后在天津等五省八市率先开展低碳省区和低碳城市试点（见图 1-1）。截至 2015 年，先后确定包括北京、上海、天津、重庆等 42 个低碳省区和低碳城市试点（见表 1-1）。就目前我国的低碳转型发展模式看，由于我国土地面积辽阔，各地区经济发展状况、城乡发展阶段、资源禀赋等方面存在明显差异，如何让各省根据省情合理地实现减排指标，从而形成有效的政策措施是当前面临的一个重要问题。

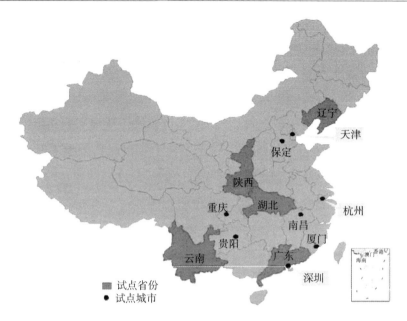

图1-1　中国开展低碳试点工作的省市地区分布

表1-1　中国低碳省区和低碳城市试点

低碳省市	北京、天津、辽宁、上海、湖北、广东、海南、重庆、云南、陕西
低碳城市	石家庄、秦皇岛、保定、晋城、呼伦贝尔、吉林、大兴安岭、苏州、淮安、镇江、杭州、宁波、温州、池州、厦门、南平、南昌、景德镇、赣州、青岛、济源、武汉、广州、深圳、桂林、广元、贵阳、遵义、昆明、延安、金昌、乌鲁木齐

第二节　研究意义

本书研究我国四大直辖市碳减排政策建议，立足于省区域发展的中观层面研究碳排放问题，将为省区域低碳发展与转型提供理论与方法支撑，对于指导其他省份低碳发展并形成具有省区特色的低碳发展之路具有重要的理论与实践双重意义。

一、理论意义

从学术层面看，目前关于不同地区二氧化碳排放的研究很少，产业的发展情况与其所处区域的总体社会经济发展情况息息相关，因其产品（服务）与区域发展整体水平、区域内总体需求关联紧密。因此，要分析产业碳排放问题，需要站在区域的视角，系统性地将区域发展特征、区域内总体需求影响因素、区域内产供需关系、行业碳排放过程、特征及技术参数等因素纳入区域碳排放的研究框架中，将能更好地诠释行业碳排放问题，并能更科学地制定相应的减排政策及措施。但现有的行业碳排放研究还没有将行业碳排放与区域经济的发展纳入一个整合的系统中考虑，没有较好地从区域经济发展的视角剖析行业碳排放问题。区域内由人的生活与生产活动导致的碳排放与区域发展、区域资源禀赋等宏观因素息息相关。

从系统学的角度看，研究省区域的碳排放问题，其本质是研究既定行政区划内生活与生产全视角的碳排放问题。因此，本书以北京、上海、天津、上海四大直辖市为样本，收集数据分析四大城市的综合能源消费的碳排放总量、碳排放强度情况、能源消费结构、终端能源消费结构、生产以及生活能源消费情况，尝试比较分析不同省份的碳排放差异，试图针对不同的省份提出不同的政策措施，可以在一定程度上弥补现有研究的不足。

二、实践意义

从国家层面看，近期我国在基本走完通过对高排放行业实施"关停并转"等成效显著的减排历程后，各行业的发展模式已呈现出行业规模化、利用高新技术、走循环经济的特征，行业减排的余量空间已不多，未来的减排之路更为艰巨。我国在制定碳减排的相关激励政策时，通常立足于国家的层面出台相关激励政策，把具体的行业作为一个宏观整体对待，其减排的推进路径通常为"全国—行业—企业—技术应用"。该模式的缺陷在于：单纯地从行业的角度看待碳排放的问题，没有考虑到行业的地域差异性，在这样的政策模式下，制定相应减排策略，已不能更好地挖掘省份区域内碳减排的潜力。从2010年起，我国已经有42个城市作为低碳试点城市，采取自上而下的方式积极应对全球气候变化，如何把碳减排总体任务公平、合理地下发到各个省份，以及合理制定各个省份的碳减排目标，从而制定不同省份的碳减排政策非常重要。低碳转型发展并没有现成的模式可以照搬，因此，本书拟通过分析四大直辖市的碳排放状况，针对性地提出碳减排政策建议，可以为其他省份的节能减排政策的制定起到借鉴作用。

从省域层面看，由于我国地缘辽阔，各省份之间存在着人口、经济、产业结构、资源禀赋等方面的差异，因此，各省域碳排放差异明显，如图1-2所示，各省份碳排放强度差距明显。若能将省份区域内发展特征、区域间比较优势等变量纳入碳排放及减排路径研究中，构建动态的区域碳排放仿真系

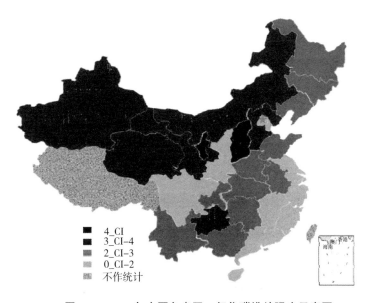

图1-2 2009年中国各省区二氧化碳排放强度示意图

统，分析各个变量对系统总排放的影响效度，模拟与调节碳排放水平，将对区域未来的减排政策制定提供量化及可操作的依据。顶层设计是推动低碳发展实现的重要保障，北京、上海、天津、重庆是国家划定的低碳省区试点地区，在顶层设计方面已经有比较成熟的制度规范或战略行动指南，同时覆盖了东中西部各类城市，比较具有典型性和代表性。本书中四大直辖市的碳减排政策的研究有利于认清高碳排放强度地区与低碳排放强度地区的差距，从而构建自身的低碳发展道路，同时也对初步探索实践中国低碳转型发展道路具有重要意义。

第三节　数据来源和选取原因

本书选择北京、上海、天津、重庆 4 个直辖市为研究对象，研究它们之间的碳排放现状，从而得出它们减排的差异，具体选取这 4 个城市的原因如下：

（1）北京、上海、天津、重庆都是直辖市，而且分布在不同的经济地区，它们对研究整个中国的碳排放情况有较强的可比较性和代表性。北京是全国的政治、经济、文化中心，天津代表北方沿海工业地区的基本情况，上海代表经济发达的东南部沿海地区，重庆代表经济欠发达地区的广大西部地区。它们都是直辖市，有相同的政治体制，但这 4 个地区在经济发展、能源使用、人口规模等方面存在着不同，北京和天津都是环渤海经济圈，上海是长三角经济圈的重要城市，重庆是地处西部的唯一一个直辖市。4 个城市是中国东中西部的代表，对它们的碳排放现状及差异化减排路径进行研究，在一定程度上可以从局部推断我国总体碳排放地区差异，为研究我国其他省份之间的碳排放现状及差异提供借鉴。

（2）考虑实际数据查找时会遇到的方便性和完整性的问题，北京、上海、天津、重庆4个直辖市的能源统计年鉴数据比较完整，都有比较完整的行业能源消费统计数据。相比较而言，其他省份的能源统计数据没有连续完整的更长年份的统计数据，统计数据缺失且统计年鉴不完善。在查找相关统计年鉴时，我们发现2004年北京的分行业能源消费数据缺失，2009年天津的行业产出统计指标由行业增加值变成了行业总产值，为了保证在研究时结果的真实性以及保持研究口径的一致性，本书将研究年份定为近20年。

（3）本书统计数据主要来源于北京、上海、天津、重庆的1995~2016年的统计年鉴，从能源消费、二氧化碳强度、能源消费结构、产业能源消费、产业结构、生活能源消费强度、生活能源结构等方面研究中国四大直辖市的碳排放现状及减排路径，主要是利用以下数据指标进行统计比较：

1）城市化率。

2）人均GDP。

3）三次产业结构占比。

4）每平方米碳排放量。

5）二氧化碳排放总量。

6）人均碳排放量。

7）工业产值能耗。

8）第三产业能耗强度。

9）人均生活能源消费量。

第四节　研究方法及技术路线

（1）比较分析法。本书在总结北京、上海、天津、重庆四大城市碳排放情况的基础上，从宏观上比较分析四大直辖市在二氧化碳排放方面存在的差异，从而最终总结出关于不同省份的碳减排不同的路径，以及为政府采取不同的政策措施提供建议。

（2）数量分析法。本书研究是建立在收集北京、上海、天津、重庆四大城市的能源结构、能源消费、产业结构、政府节能减排政策等真实数据的基础上，从各省份的能源结构、产业结构、二氧化碳排放强度、节能政策等方面进行研究，用真实、准确的数据探寻四大直辖市在碳排放上的差异性，从而试图为四大直辖市的碳减排路径的实施提供政策建议。

（3）技术路线。技术路线如图1-3所示。

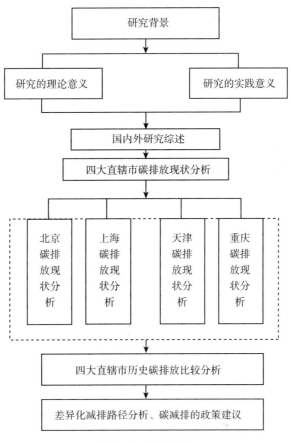

图1-3 技术路线

第五节　研究内容及创新点

一、研究内容

（1）本书展开研究是建立在收集北京、上海、天津、重庆四大城市的能源结构、能源消费、产业结构、政府节能减排政策等真实数据的基础上，从各省份的能源结构、产业结构、二氧化碳排放强度、节能政策等方面进行研究，概括总结四市在推进低碳发展过程中已经取得的成果，用真实、准确的数据来探寻四大直辖市在碳排放上的差异性，从而试图为四大直辖市的碳减排路径的实施提供政策建议。

（2）通过对四大直辖市历史碳排放比较分析得出二氧化碳排放的差异，针对这种差异有根据地提出碳减排的路径措施，以 20 年的研究时间长度，收集四市的能源结构、能源消费、产业结构、政府节能减排政策等方面的数据，建立分析模型，从而分析四市的碳排放现状。

二、主要创新点

本书在研究视角、研究方法两个维度具有创新性。

（1）研究视角创新。本书从不同省份不同时期的碳排放现状的横向、纵向的比较研究着手，通过不同省份的能源结构、能源消费、产业结构、政府节能减排政策等方面的差异分析，厘清区域间差异化碳排放的原因，从而制定符合不同省份自身的低碳发展目标，探寻差异化的减排路径，最终制定出系统有效、精准可行的低碳减排政策体系。

（2）研究方法创新。从现有相关文献可以总结出目前关于我国省级区域的碳排放核算的问题没有统一的测量方法，通常很多研究者在研究这类问题时，获得较为准确、口径一致的碳排放量的统计数据较为困难。因此，本书依据四大城市统计年鉴的有关数据对我国各省级区域的碳排放量的核算方法进行了改善，使最后所得数据更加合理、可信。

第二章 本书相关文献综述

第一节 碳排放定义及分类

二氧化碳是碳元素的主要存在形式之一，达到 12/44。所以碳排放主要是指二氧化碳的排放，通常意义下也泛指温室气体的排放，主要是因为 IPCC 认为温室气体主要是指 CO_2、CH_4、N_2O、O_3、CFCS、SF_6 六种，其中二氧化碳在所有温室气体中所占的比重比较高，且相对稳定。

目前，从国内外已有相关文献看，学者们对温室气体的界定大体上可以分为两种：一种正如《京都议定书》中认为的温室气体是六种：CO_2、CH_4、N_2O、HCFCS、CFCS、SF_6；另一种则只是包含了二氧化碳。实际上，不同的国家和地区会根据研究及工作实际选择不同的界定范围。

从现有相关文献看，学者大多都按照温室气体的来源和消费需求两个角度对碳排放进行划分。首先从温室气体的来源看，苏方林（2011）把碳排放根据不同的标准分为可再生和不可再生。对于可再生碳排放来说，是指生物为了维持正常的体征产生的碳循环，还有可再生能源消耗过程中二氧化碳的产生。不可再生碳排放主要是指化石能源和矿物能源的燃烧产生的二氧化碳，不可再生碳排放比可再生碳排放产生的二氧化碳更严重，这一过程中产生的碳排放是人类生产生活中可以控制降低的部分，是人类在日常的生产生活中可以通过注重而降低的能源消耗，所以在这一方面的研究比较多，再加上它的可操作性比较强，目前关于碳减排方面的研究主要是针对不可再生碳排放范畴展开。从消费需求角度看，许鹏（2014）根据一定标准把碳排放分为生存和奢侈两个维度的碳排放。生存碳排放主要是为了满足我们日常生活需求过程中产生的温室气体；奢侈碳排放主要是指一些高收入消费者在购买高碳奢侈品过程中产生的二氧化碳，就目前的研究看，奢侈碳排放过程中产生的温室气体要比生存碳排放产生的温室气体更严重，很多发展中国家处在生存碳排放的阶段。

本书拟以北京、上海、天津、重庆为样本数据从能源消费的维度，分析其碳排放情况。

第二节　国内外碳排放发展研究现状

低碳发展是当今地区经济发展的趋势，目前国内外许多学者都对碳排放发展进行了深入的探讨，并取得了大量的研究成果。

一、国外碳排放发展研究现状

国外研究方面，主要集中于国家、省域或行业层面、影响因素、核算体系的研究。如 Lee 和 Oh（2006）基于 LMDI 分解亚太经合组织国家的碳排放量，研究结果显示，导致碳排放不断增加的主要原因是人口总量和人均社会总产出。Claudia S. 等（2010）运用对数平均 Divisia 指数分解 1970~2006 年墨西哥钢铁行业的二氧化碳排放量，并将其分解为结构、技术和规模效应对碳排放总量的影响。结果表明，规模经济对碳排放的影响最大，结构和技术的影响不能抵消规模效应。Dalton（2008）指出，人口规模、年龄结构和城市化等都会对碳排放量产生影响。目前，国际上碳排放核算体系有自上而下、自下而上两种类型。自上而下即 IPCC 清单法，自下而上即碳足迹，其中 IPCC 清单法是在核算方法方面最具有权威性的。

二、国内碳排放发展研究现状

国内研究方面，潘雄锋等（2011）对我国制造业碳排放强度展开研究发现，结构引起了碳排放强度的提升。孙作人等（2012）对我国工业 36 个行业碳排放的驱动因素展开研究。从省域这个层面的相关研究看，吴振信等（2014）对北京地区 1995~2010 年的能源碳排放进行因素分解。我国在碳排放核算方法上没有形成完整的核算体系，主要是采用国际上的 IPCC 清单法。如孙建卫等（2010）基于 IPCC 核算方法对我国历年碳排放量进行了核算。张晓梅和庄贵阳（2015）指出，中国还没有统一的省域碳排放核算方法，大多根据研究对象确定不同数据来源和核算方法。从碳排放影响因素看，朱勤等（2010）认为，人口规模、居民消费水平、人口城市化率对我国碳排放量有显著的影响。孙辉煌（2012）指出，城市化对碳排放有正向影响，但没有证实两者之间具体关系。

总的来看，现阶段国内外文献关于碳排放的研究主要集中在空间、核算体系、影响因素方面，对一个国家或地区的特定领域使用了各种数学模型讨论碳排放和低碳能源的问题。不难发现，国外对微观层面的低碳发展研究并不多见，侧重于实践研究；国内则主要是理论研究，侧重于综合性分析。本书从我国四大直辖市着手，对四大直辖市的碳排放影响因素、核算体系展开研究。

第三节　碳排放的核算体系综述

关于碳排放的核算方法，国内外对此都有比较成熟的核算体系，国外主要有四类：核算与验证体系、基于区域层面的核算体系、基于企业层面的核算体系和基于产品层面的核算体系。国内主要有两类：国家发改委统一发布和各试点省市自行编制。国内主要是区域层面的核算体系。

一、国际上温室气体排放核算体系综述

温室气体核算与验证体系是由国际标准组织 2006 年发布的，包含三个部分的内容，分别是指导企业的 ISO14064 - 1，研究减少碳排放量或如何加快温室气体的清除速度等的 ISO14064 - 2，研究实际验证过程，独立的第三方机构可以用来对温室气体报告进行确认和索赔的 ISO14064 - 3。基于区域层面的核算体系是指由 IPCC（政府间应对气候变化委员会）编写的《国家温室气体清单指南》（以下简称《指南》），从 1994 年开始该《指南》不断地修改、调整、完善，得到各方的认可。《指南》主要考虑到能源、工业过程和产品使用、农业、林业和其他土地利用、废物 6 个部门的温室气体排放和消除的核算，在实施过程中，主要是通过采集活动数据和排放系数，然后两者相乘得到某一活动的碳排放量。IPCC 提供各种排放因子的默认值，每个国家可以根据国内对该模型的研究和使用情况，确定特定排放源的排放系数。基于企业层面的核算体系是指由 WRI（世界资源研究所）和 WBCSD（世界可持续发展工商理事会）共同制定的《温室气体协议：企业核算和报告准则》，它指出企业在碳排放核算过程中需要完成三方面工作：划定核算的组织范围、确定温室气体的核算范围、实施核算过程。在实施过程中主要

是通过对基准年的温室气体排放进行准确计算，从而对企业的历史排放数据进行比较。基于产品层面的核算体系是指由英国标准协会、碳信托基金会和环境部、食品与农村事务部共同制定的 PAS2050，通过对整个生命周期产品或服务的各个方面的温室气体展开核算，收集实施过程中的活动数据和排放量，最终计算产品的碳足迹，这是产品生命周期中每个环节活动数据与产品相关排放系数乘积的总和。

二、国内区域温室气体排放核算体系评述

国家发改委统一发布的清单是指由国家发改委能源研究所、清华大学、中科院大气所、中国农科院环发所、中国环科院气候中心等单位的专家编写的《省级温室气体清单编制指南（试行）》。它在遵循《IPCC 国家温室气体清单指南》的基本方法的同时厘清了主要的核算气体和相应产生范围，但该指南是针对企业的核算体系，并且核算标准、相关参数不准确，没有具体地针对全国各省市提出的核算系数。各个试点省市自行编制的清单是指全国各省市在应对气候变化的过程中编制的温室气体排放核算清单，包括北京、上海、天津、深圳、湖北，其中北京的温室气体核算是采用自上而下的核算模式即按照区域—行业—企业路径展开核算，具体方法是将热力生产和供应、火力发电、水泥制造、石化生产、其他工业、服务业六大行业作为其核算重点，将该行业涉及的规上企业筛选出来，对企业的温室气体排放数据进行累加。上海的温室气体核算采用自下而上的核算模式，即按照企业—行业—区域，自下而上地累加路径展开，其对温室气体的核算只有二氧化碳一种。

综上，国外现有碳排放核算体系比较成熟，且在实施的过程中能够结合自身的特点，设计相关的核算清单。但总体上看，我国的碳核算体系发展较晚，种类比较单一，相对不太成熟，主要是面向产业或者行业的核算，没有面向全社会活动的核算体系。区域层面的碳排放核算体系主要涉及人类产

业、生活和公共事务活动及管理三大活动，因此本书主要从区域层面的视角，研究我国四大直辖市的碳排放核算。

第四节　影响碳排放因素的研究

从现有相关文献可以总结出，国内外关于影响碳排放的因素研究主要是运用因子分解法，其用于分析碳排放变化更深层次的原因，因子分解方法主要分为 Di 指数分解法和 Laplace 指数分解法，得出产业结构、能源结构、技术因素、城镇化进程、城市形态等因素会影响碳排放。

一、国外研究综述

Dhakal 采用对数平均值分解法研究了 1985~1998 年北京和上海的碳排放影响因素。Wu 等采用对数均值分解方法研究了人均二氧化碳排放量和能源消耗结构、能源利用效率和能源强度因素等相互关系问题，研究发现，能源弹性从正向转移到负向。Ewing（2008）认为，城市空间形态通常通过电力传送和电力分配过程中的损失、住房市场的影响和城市热岛效应三个方面对居民的碳排放产生影响。IPCC 也在评估报告中指出，技术是降低温室气体排放量的关键因素，在一定程度上可以说，技术因素的作用超过了其他所有因素作用的总和，利用低碳技术，可以提高活动的节能和效率。Chen（2008）对我国 45 个核心城市的相关数据进行统计分析后得出，生活能源消耗量与城市的紧凑性成反比。Poumanyvong 等（2010）使用 STIRPAT 模型对世界上的 99 个国家近 31 年的数据进行了统计分析，其结果显示，城镇化与碳排放间存在着正相关关系。同样地，Sadorsky（2014）通过分析 16 个新兴国家近 39 年的数据，发现城市化与碳排放量呈正相关。国际上，

Martínez-Zarzoso 等（2011）对 88 个发展中国家 28 年的相关数据进行了统计分析，得出城镇化与碳排放之间的倒 U 形关系。

二、国内研究综述

国内学者的研究方面，王立平、张海波等（2014）利用 Kaya 的拓展恒等式分析中国各省份人均碳排放的影响因素，最终得出能源效率、能源的价格因素和产业结构对碳排放具有显著的抗干扰性。刘婕、魏玮（2014）研究城镇化率与要素禀赋对全要素碳减排效率的影响的过程，得出我国的城镇化率与碳减排的效率是呈 U 形的。就产能结构与碳排放的关系研究而言，朱勤等（2010）对中国 1980~2007 年的碳排放影响因素进行分析，得出的结论是中国经济的不断扩张导致碳排放量的增加。郭朝先（2012）则认为，未来产业结构优化升级将有助于减少碳排放。王韶华（2015）采用通径分析方法对 1981~2015 年的能源总量、GDP 总量、消费结构等数据进行研究，发现我国 GDP 增长对煤炭能源具有高度的依赖性。邓吉祥、刘晓和王铮（2014）根据 1995~2010 年中国 8 个区域碳排放变化特征，采用对数均值分布指数法，将影响碳排放的因素分为人口、能源强度效应、能量结构效应和经济增长效应，并指出区域碳排放差异的原因和规律，结果表明：8 个区域碳排放和人均碳排放量都在上升，经济增长是碳增长的主要因素，能源结构受到宏观经济形势的影响，对碳排放波动有较大的影响。邓向辉等（2012）通过对衣着服饰从原料加工制作到消费者购买以及最终回收的整个生命周期进行研究，发现其生命周期的四个环节均存在着大量的碳排放，产品生产周期对碳排放有影响。郭韬（2013）对我国 219 个地级市有关数据进行收集并分 5 类实证研究，认为城市形态对居民生活碳排放有影响，具体包括城市密度、城市紧凑度、城市用地多样性等方面。

综上所述，国内外对碳排放影响因素的研究主要集中在城市化进程、产业结构、产品生产周期、低碳技术等方面，主要从总体上进行高度概括。实际上，不同区域的碳排放的影响因素是不同的，本书从这个角度对中国四大直辖市有针对性地分析不同的影响因素具有重要意义。

第五节　区域碳减排的路径研究

如何通过碳减排实现低碳经济发展是一个相对短暂和现实的目标，低碳经济的发展对生态文明建设具有积极的意义。约翰·弗莱伯恩认为，应通过适当的低成本法和污染法规或补贴来减少碳排放。1960年，挪威学者第一次提出了可以作为政策分析工具的可计算一般均衡模型，并且该模型不断地发展演变，影响因素扩大，模型分析问题的能力得到提高，在全世界得到认可，主要是关于碳税政策对环境的影响。中国学者李娜、石敏俊等（2010）采用动态多区域可计算一般均衡模型，研究各区域碳税政策对区域发展格局的影响，认为应该针对不同区域制定差异化的发展策略。此外，张友国（2016）提出要打破区域之间的贸易壁垒，促进区域间货物自由流通，减少重复建设，特别是高耗能行业的重复。郭正权（2011）分析经济发展政策对经济增长的影响，分析碳税政策对能源消耗和碳排放的影响。顾兆林、谭宗波、刘万（2009）研究欧洲等发达国家低碳经济的发展道路，提供中国低碳经济发展评估的现实依据，指出我国现行低碳经济发展的关键问题，即低碳经济在城市发展与产业发展协调和自上而下的制度下，减排与地方政府短期绩效观念之间的长期性矛盾。陈柳钦（2010）认为，发展低碳经济要加快建设低碳经济发展的国家战略框架，社会行动体系和规划体系，"低碳经济试点区"建设积极探索发展低碳经济的具体方式；积极推动碳金融市场发展，鼓励技术创新，建立低碳经济法制建设，加强国际合作交流，增强应对气候变化的能力等。

随着"低碳经济"的提出，减少碳排放、低碳经济已成为世界经济发展的主要趋势，低碳经济已经受到学术界、商界和政治界的广泛关注，国内外学者基于不同的视角梳理低碳经济的理论脉络，分析碳减排路径，寻找实现低碳经济发展的路径，但从现有研究看，学者们的研究多停留于理念、概念的设计和讨论阶段，针对具体的低碳政策、创新设计的机制、低碳技术创新和应用的关注度较低。

第六节　区域低碳经济发展模式研究

经济发展方式是指一段时间内国家经济发展战略的特殊类型、生产力的增长机制和经营方针。相对于传统的高碳经济模式，低碳经济发展模式是对实现低碳排放的经济运行规律进行的总结，改造传统经济模式，是实现人类社会系统过程中各个单元在低能耗、低排放、低污染下共生的内在要求。不同地区根据自身的发展条件采用不同的低碳发展模式，发达国家和发展中国家的低碳发展模式又不尽相同。

自从英国提出低碳经济后，发达国家开始着手实施从高碳经济发展模式向低碳经济发展模式转型，以英国为代表的欧盟最早发展，其次是日本，美国最后。英国高度重视发展低碳经济，提出"政府激励+碳市场机制"的经济发展模式，通过制定一些政策建立完善市场机制，规范和完善碳排放交易贸易机制，充分发挥政府主导和交易市场机制的强化机制。日本采取的低碳经济发展方式是"技术进步+行为变革+制度保障"，将低碳社会建设上升到国家战略层面，高度重视环境保护和低碳经济发展，制定低碳社会发展战略，协调各方面的利益关系，推动低碳经济发展的进程。美国采取"技术创新+新能源战略+自下而上"模式，是典型的自下而上发展模式，发展过程中政府的积极性较高，出台鼓励使用可再生能源的激励措施，调动各方的主观能动性。

发展中国家的低碳经济发展模式也不尽相同，印度采用的是"CDM+碳汇"模式，大力利用清洁发展机制，积极参加 CDM 项目。韩国采用的是"低碳绿色增长"模式，提出以绿色技术和清洁能源创造新的发展新增长势头。对于中国来说，低碳经济发展困难在于要保持经济高速增长，加快实现工业化和现代化建设任务的同时又要积极应对气候变化挑战，改变经济增长方式。我国主要是从国家和省级两个层面展开低碳经济实践，并开展低碳城市试点，由点及面，最终实现全国范围内的低碳经济发展实践。

通过对这些国家低碳经济发展模式的研究，我们可以发现，发达国家更加重视能源和低碳技术的发展，发展中国家主要是由政府主导的自上而下的发展模式，与发达国家相比还有不小的差距，应该提高碳生产力。我国正处于工业化、城市化快速发展阶段，更应该抓住新能源产业和低碳技术发展的战略机遇。

第七节　低碳减排政策制度方面的研究

低碳减排是在全球气候不断恶化的背景下提出来的，各国积极响应低碳经济发展这一趋势，在推行低碳经济发展的过程中，顶层设计是实现低碳全面发展、可持续发展的重要政策保障。围绕低碳减排政策制度的实际效果，国内外若干学者展开研究，总结出各国普遍采用的政策制度是征收碳税制度和碳交易制度。

Toshihiko Nakata（2001）进行实证研究发现，日本的相关数据表明，征收能源税和碳税可以将碳排放量降低到预期水平，可以促进从煤炭到天然气这种高强度碳向低强度碳能源结构转变。Annegrete Bruvoll（2004）研究挪威征收碳税影响，碳税对单位国内生产总值碳排放贡献率不高，表明碳税对减排的影响不高。碳排放对碳税有一定影响，但不同国家之间的差异较大，不能对不同国家使用统一的税率，有必要协调国家税率实施能源税改革。碳交易体系研究，最权威的是《京都议定书》三项减排机制：清洁发展机制，联合执行机制，排放交易机制。J. Liski（2000）认为，碳排放交易的清洁发展机制有利于发展中国家吸收发达国家的资金和技术，也有利于降低发达国家的减排成本。此外，斯特恩（2006）认为，制定应对气候变化政策时应考虑碳定价机制、技术政策、全球碳交易市场3个重要因素。Landes（2007）指出，提高能源效率、发展可再生能源、碳捕获和储存投资以及减少森林砍伐是减少碳排放的主要途径。

总的来看，在国家宏观层面，提出规范低碳经济发展的政策制度是非常困难的；在区域层面，碳减排指标比较容易量化，政治压力较小，地方政策的实施更能考虑当地居民的实际情况，适应不同地区间的差异，因此制定区域碳减排政策以及实施相对来说比较容易。Shimada 等（2007）研究制定区域宏观低碳政策的过程，首先是分析区域经济活动、社会变迁和外部经济的影响，其次计算能源部门量化碳排放量的数量，最后到行业估算，以便在这一领域制定低碳发展规划。Schreurs（2008）认为，地方政府在低碳政策实行过程中有局限性，不能制定能源效率标准和能源政策，碳排放可能受到周边地区碳排放增加等因素的影响。

众多学者探讨了我国低碳经济发展的政策措施和创新发展，从能源禀赋、发展水平、锁定效应、贸易结构等方面对中国低碳经济发展的基础和问题进行分析。张坤民（2009）提出了全面的低碳政策体系，包括排放交易、碳税、碳融资、能源效率、可再生能源、汽车排放标准、公共技术创新、国际贸易和消费变化、产品标准和碳标签等。李飞、庄贵阳等（2010）对碳税政策的减排效果进行数学模拟。王瑶、刘谦（2010）分析了低碳技术在低碳经济发展中的重要作用，总结了低碳技术不断创新的进步性和突破性，认为政府在低碳技术创新的过程中起着重要作用，并提出低碳产业在技术标准、技术信息、技术数据方面形成的建议。

朱永彬、刘晓、王铮（2010）分析了我国碳金融市场体系存在的问题，组织服务体系、政策支持体系议价能力弱，交易风险大，减排项目结构需要进一步优化，交易平台割据，"碳强度"和"总体控制"对接难，缺乏信誉，组织和服务体系尚未建立，人才短缺政策的指导作用没有发挥，激励政策不到位等。黄栋（2010）对西方发达国家低碳经济政策与实践的发展进行总结，指出美国华东师范大学博士论文"超导电网和智能电网建设计划"、英国低碳立法、日本的"低碳社会"行动计划对中国的低碳经济发展具有一定的参考价值。

从目前研究的现状看，国外发达国家以及学术界的学者在低碳政策工具和碳排放交易体系的选择等方面取得了重大突破，国内外对低碳经济的研究偏重于实证研究，理论研究相对欠缺，国家、行业层面研究较多，中观层面的区域研究较少，尤其是我国的低碳经济发展更多的是关心国家宏观政策研究，就区域研究水平而言还不够深入。由于区域差异与低碳经济发展过程中的相似之处，要注意区域层面研究，不仅要从国家层面，而且要从区域格局变化上考虑。其实，在碳减排进程中，地方政府在这个过程中发挥着重要的管理和实施作用，所以从省级层面看，低碳经济发展在中国是重要的研究，制定相应的对策才更贴合当地的实际情况，更具有针对性和可操作性。

第三章 世界典型国家及我国碳排放概况

第一节 世界典型国家碳排放概况

碳排放量受到各种因素的影响，包括人口、经济发展水平、产业结构、城市化率等众多因素，本节通过选取世界典型国家即美国、欧盟、德国、英国、日本 1995~2013 年的面板数据进行分析，并对这几个国家或区域进行比较。各个年份的碳排放影响指标情况如表 3-1 所示，二氧化碳排放总量趋势如图 3-1 所示。

表 3-1 世界典型国家碳排放影响指标情况

年份	指标	美国	欧盟	德国	英国	日本
1995	人口总数（人）	266278000	483927331	81678051	58019030	125439000
	人均 GDP（现价美元）	28782.18	19859.26	31729.70	22755.56	42522.07
	GDP（现价美元）	7664060000000	9610436328499	2591620035485	1320260000000	5333930000000
	城市化率（%）	77.26	71.09	73.29	78.35	78.02
	第三产业占比（%）	缺失	67.56	66.05	70.80	65.19

续表

年份	指标	美国	欧盟	德国	英国	日本
1996	人口总数（人）	269394000	484581653	81914831	58166950	125757000
	人均 GDP（现价美元）	30068.23	20274.47	30564.25	23947.96	37422.86
	GDP（现价美元）	8100200000000	9824633811450	2503665193657	1392980000000	4706190000000
	城市化率（%）	77.64	71.19	73.23	78.41	78.15
	第三产业占比（%）	缺失	68.10	67.04	70.91	65.35
1997	人口总数（人）	272657000	485409098	82034771	58316954	126057000
	人均 GDP（现价美元）	31572.69	19104.15	27045.72	26357.53	34304.15
	GDP（现价美元）	8608520000000	9273326737662	2218689375140	1537090000000	4324280000000
	城市化率（%）	78.01	71.27	73.17	78.47	78.27
	第三产业占比（%）	74.67	68.46	67.39	71.91	65.68
1998	人口总数（人）	275854000	486055038	82047195	58487141	126400000
	人均 GDP（现价美元）	32949.20	19729.97	27340.67	27759.33	30969.74
	GDP（现价美元）	9089170000000	9589851317979.81	2243225519617.65	1623560000000	3914570000000
	城市化率（%）	78.38	71.35	73.10	78.53	78.40
	第三产业占比（%）	75.33	68.89	67.60	73.02	66.45
1999	人口总数（人）	279040000	487060355	82100243	58682466	126631000
	人均 GDP（现价美元）	34620.93	19662.34	26795.99	28154.37	35004.06
	GDP（现价美元）	9660620000000	9576747414753.8	2199957383336.88	1652170000000	4432600000000
	城市化率（%）	78.74	71.44	73.06	78.59	78.52
	第三产业占比（%）	75.55	69.56	68.18	74.19	67.00

续表

年份	指标	美国	欧盟	德国	英国	日本
2000	人口总数（人）	282162411	487865459	82211508	58892514	126843000
	人均 GDP（现价美元）	36449.86	18240.89	23718.75	27769.93	37299.64
	GDP（现价美元）	10284800000000	8899098560677.52	1949953934033.54	1635440000000	4731200000000
	城市化率（%）	79.06	71.56	73.07	78.65	78.65
	第三产业占比（%）	75.65	69.64	68.04	73.79	67.35
2001	人口总数（人）	284968955	489073595	82349925	59119673	127149000
	人均 GDP（现价美元）	37273.62	18403.15	23687.32	27284.22	32716.42
	GDP（现价美元）	10621800000000	9000492533982.27	1950648769574.94	1613030000000	4159860000000
	城市化率（%）	79.23	71.71	73.11	78.75	79.99
	第三产业占比（%）	76.70	70.17	68.74	75.21	69.03
2002	人口总数（人）	287625193	490424475	82488495	59370479	127445000
	人均 GDP（现价美元）	38166.04	20004.67	25205.16	29603.47	31235.59
	GDP（现价美元）	10977500000000	9810780862313.71	2079136081309.99	1757570000000	3980820000000
	城市化率（%）	79.41	71.93	73.17	79.05	81.65
	第三产业占比（%）	77.73	70.78	69.69	75.60	69.86
2003	人口总数（人）	290107933	492252932	82534176	59647577	127718000
	人均 GDP（现价美元）	39677.20	24266.82	30359.95	34007.89	33690.94
	GDP（现价美元）	11510700000000	11945411092672.8	2505733634311.51	2028490000000	4302940000000
	城市化率（%）	79.58	72.14	73.23	79.34	83.20
	第三产业占比（%）	77.45	71.29	69.88	76.53	70.02

续表

年份	指标	美国	欧盟	德国	英国	日本
2004	人口总数（人）	292805298	494232263	82516260	59987905	127761000
	人均 GDP（现价美元）	41921.81	27912.15	34165.93	39824.76	36441.50
	GDP（现价美元）	12274900000000	13795083011583	2819245095604.67	2389000000000	4655800000000
	城市化率（%）	79.76	72.35	73.29	79.63	84.64
	第三产业占比（%）	77.04	71.37	69.58	77.35	70.11
2005	人口总数（人）	295516599	496200867	82469422	60401206	127773000
	人均 GDP（现价美元）	44307.92	29073.53	34696.62	41524.07	35781.17
	GDP（现价美元）	13093700000000	14426312876485	2861410272354.18	2508100000000	4571870000000
	城市化率（%）	79.93	72.56	73.36	79.92	85.98
	第三产业占比（%）	76.89	71.74	69.84	77.33	70.65
2006	人口总数（人）	298379912	498074489	82376451	60846820	127854000
	人均 GDP（现价美元）	46437.07	30895.60	36447.87	44016.73	34075.98
	GDP（现价美元）	13855900000000	15388308306700.8	3002446368084.31	2678280000000	4356750000000
	城市化率（%）	80.10	72.79	73.49	80.20	87.06
	第三产业占比（%）	76.61	71.57	69.10	77.33	70.71
2007	人口总数（人）	301231207	499915977	82266372	61322463	128001000
	人均 GDP（现价美元）	48061.54	35567.61	41814.82	49949.15	34033.70
	GDP（现价美元）	14477600000000	17780815715073.5	3439953462907.20	3063010000000	4356350000000
	城市化率（%）	80.27	73.03	73.70	80.48	88.01
	第三产业占比（%）	76.76	71.68	68.64	77.83	70.64

续表

年份	指标	美国	欧盟	德国	英国	日本
2008	人口总数（人）	304093966	501803925	82110097	61806995	128063000
	人均GDP（现价美元）	48401.43	38095.20	45699.20	46523.27	37865.62
	GDP（现价美元）	14718600000000	19116323323698.4	3752365607148.09	2875460000000	4849180000000
	城市化率（%）	80.44	73.26	73.90	80.76	88.91
	第三产业占比（%）	77.20	72.22	69.04	78.16	71.32
2009	人口总数（人）	306771529	503310374	81902307	62276270	128047000
	人均GDP（现价美元）	47001.56	33932.18	41732.71	38010.10	39322.60
	GDP（现价美元）	14418700000000	17078416415530.7	3418005001389.27	2367130000000	5035140000000
	城市化率（%）	80.61	73.49	74.09	81.03	89.74
	第三产业占比（%）	78.73	73.90	71.46	79.46	72.79
2010	人口总数（人）	309346863	504412209	81776930	62766365	128070000
	人均GDP（现价美元）	48374.09	33654.05	41788.04	38708.68	42935.25
	GDP（现价美元）	14964400000000	16975514981942.30	3417298013245.03	2429600000000	5498720000000
	城市化率（%）	80.77	73.71	74.29	81.30	90.52
	第三产业占比（%）	78.44	73.42	69.12	79.16	71.28
2011	人口总数（人）	311718857	505526581	81797673	63258918	127817277
	人均GDP（现价美元）	49781.80	36271.82	45936.08	41243.12	46229.97
	GDP（现价美元）	15517900000000	18336368276396.30	3757464553794.83	2609000000000	5908990000000
	城市化率（%）	80.94	73.94	74.49	81.57	91.25
	第三产业占比（%）	78.00	73.28	68.61	79.01	72.70

续表

年份	指标	美国	欧盟	德国	英国	日本
2012	人口总数（人）	314102623	505098575	80425823	63700300	127561489
	人均 GDP（现价美元）	51433.05	34197.10	44065.25	41538.31	46701.01
	GDP（现价美元）	16155300000000	17272908797234.10	3543983909148	2646000000000	5957250000000
	城市化率（%）	81.11	74.16	74.69	81.83	91.90
	第三产业占比（%）	78.21	73.61	68.51	79.19	72.76
2013	人口总数（人）	316427395	508050888	82132753	64128226	127338621
	人均 GDP（现价美元）	52749.91	35440.33	45688.39	42407.37	38549.68
	GDP（现价美元）	16691500000000	18005490573738	3752513502985	2719509472195	4908862837787
	城市化率（%）	81.28	74.37	74.89	82.09	92.49
	第三产业占比（%）	77.91	73.81	68.87	78.78	72.44

注：数据来自世界银行数据库（下同）。

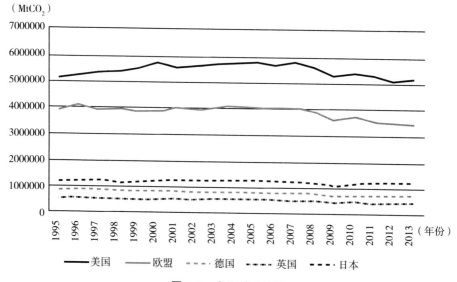

图 3-1　各国碳排放量

可以看出，1995~2013 年各国的碳排放量总体上比较平稳，德国、英国、日本维持在比较低的水平，各年份比较平稳，波动不大，平均在 $10 \times 10^5 MtCO_2$，其中英国碳排放量最低，大致维持在 $5 \times 10^5 MtCO_2$，美国、欧盟碳排放量维持在比较高的水平，且波动幅度相比略大，在 $40 \times 10^5 MtCO_2$ 以上，美国总体上远远高于其他国家的碳排放量，各年份在 $50 \times 10^5 MtCO_2$ 以上。美国、欧盟、德国、日本、英国呈现这种现状的原因与各国的经济发展水平、人口、城市化率、产业结构等发展状况密不可分。

由表 3-1 可以看出，这几个国家（地区）中，美国的人均 GDP 在 42000 美元左右，高于其他国家，而各年的城市化率超过 70%，虽然第三产业占比达到了 77% 左右，而从人均能耗的各国情况（见图 3-2）可见，美国的人均能耗远远高于其他几个国家或地区的人均能耗，欧盟、英国、德国、日本 4 个国家或地区的人均能耗比较接近，大致为 3000~4000 千克石油当量，而美国要高出 1 倍以上，但是从图 3-1 可以看出，碳排放量较大的美国和欧盟总体上碳排放有下降的趋势。这主要是由于欧盟成员中的很多国家的资源比较匮乏，经济发展需要的能源通过进口满足，这样一来，成本较高，因此欧盟特别注重清洁能源的使用和开发，在全球碳减排的大环境中表现得也相当积极，而且在碳减排技术方面明显领先于其他国家。相反，美国的资源相对丰富，但在经济发展过程中必然会增加对能源使用的需求，碳排放量的减少必然影响经济的发展，美国也以此为理由拒绝接受《京都议定书》。美国虽然在碳减排方面对外表现得相对消极，但美国在碳减排的技术研发及措施制定方面取得了显著成效，且美国民众碳减排意识较高，这些都为美国未来的决策制定奠定了良好的基础。英国的碳排放水平整体上是最低的，这与英国注重低碳发展是密不可分的。英国是全球低碳经济的积极倡导者和先行者，英国充分意识到能源安全和气候变化的威胁，它正从自给自足的能源供应走向主要依靠进口的时代，并最早提出"低碳经济"这一概念。总之，这些都充分说明，碳排放情况与各国的经济发展、能源结构、政府举措、国民意识等有重要的关系。

（千克石油当量）

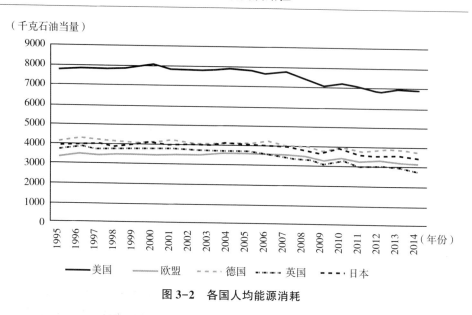

图 3-2　各国人均能源消耗

对碳排放现状的研究单纯地从总量角度分析并无实质性意义，本节通过人均碳排放、单位国土面积碳排放总量、碳排放强度三个方面从横向、纵向两个维度对各国碳排放现状进行分析，如图 3-3、图 3-4、图 3-5 所示。

（吨）

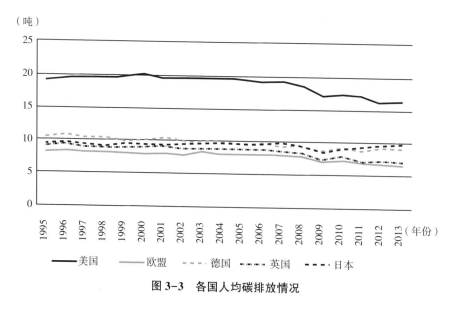

图 3-3　各国人均碳排放情况

图 3-3 表明：从人均排放绝对量上看，1995~2013 年经济最发达的美国人均碳排放一直高于其他国家和地区，甚至比较高的德国都高出 1 倍左右，1995 年高达 20 吨左右，近几年有下降的趋势，达到 16 吨左右，最低的是欧盟，1995~2013 年人均碳排放量都在 10 吨以下，最少的年份在 7 吨左右，前者是后者的 2 倍以上。从总体趋势看，美国远远高于其他几个国家和地区，而其他国家和地区的碳排放量比较接近，大致在 7~10 吨，并且美国、欧盟、英国的人均碳排放量有下降的趋势，说明这几个发达国家的经济增长方式已经开始逐渐转变。

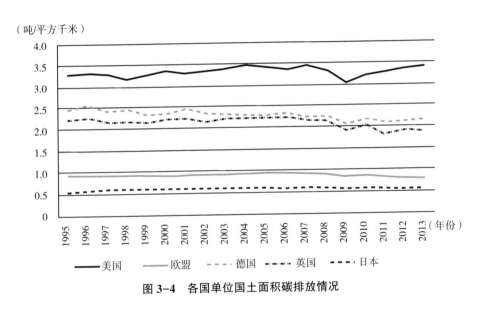

图 3-4　各国单位国土面积碳排放情况

　　由图 3-4 可以看出，国土面积碳排放绝对量上，5 个国家或区域的差别相比其他指标相差较大，1995~2013 年日本、德国、英国三国持续维持在一个比较高的水平，尤其是日本，德国次之，两国的绝对量有非常大的差异，并且都在持续增长。德国虽然有上涨，但幅度不大，一直维持在 2.5 吨/平方千米左右，欧盟、美国 1995~2013 年碳排放量明显低于其他国家，美国虽然碳排放总量最高，但美国的国土面积排名第四，所以美国的单位国土面积碳排量最低，广阔的国土面积给美国提供了更加充裕的碳排放空间，并且随着时间的推进，美国、欧盟的碳排放量保持在一个相对稳定的水平，维持在0.5吨/平方千米左右，欧盟维持在1吨/平方千米左右。

表3-2 各国碳排放强度情况

单位：万吨

年份	美国	欧盟	德国	英国	日本
1995	2.485351431	2.394656536	2.568025587	2.487245343	2.393566587
1996	2.489383581	2.379121383	2.557423188	2.443470123	2.386252257
1997	2.518243791	2.347475874	2.500646907	2.404523392	2.352630384
1998	2.513571847	2.338177103	2.495700049	2.401411005	2.311244749
1999	2.492396409	2.312436227	2.455373145	2.390977518	2.351594845
2000	2.508124146	2.306569809	2.465923557	2.430044677	2.351093044
2001	2.51104735	2.302497548	2.462420147	2.439461048	2.355210449
2002	2.503931186	2.293862722	2.448317914	2.415748258	2.389731337
2003	2.511630419	2.291298693	2.440775213	2.426135681	2.452903353
2004	2.497416094	2.271203205	2.405859165	2.433141043	2.422406447
2005	2.499238618	2.253828604	2.365373262	2.43679392	2.380752899
2006	2.483372526	2.263410728	2.357182198	2.472674311	2.369137971
2007	2.479640316	2.266506881	2.380455769	2.503760295	2.430551273
2008	2.469154938	2.226943966	2.354898945	2.503724772	2.442891285
2009	2.436291613	2.173444092	2.325478272	2.407348004	2.336765877
2010	2.441494299	2.152403628	2.320635247	2.438615769	2.348754841
2011	2.421232187	2.150700087	2.356740884	2.386783905	2.578150886
2012	2.390763704	2.119046892	2.371020582	2.422056095	2.720385687
2013	2.369885186	2.098456886	2.384046307	2.395742093	2.734789512

碳排放强度是指单位国民生产总值的二氧化碳排放量。该指标主要是用来衡量一国经济发展同碳排放量之间的关系。一般而言，碳排放强度呈现下降的趋势则表明一个区域的经济发展模式走向低碳增长的方向，是评价一个

国家或地区碳排放水平的一个关键指标。

因为数据量庞大，本书用图形展示各国家碳排放强度指标发展态势，如图3-5所示，没有标出具体数据，详细数据见表3-2。由表3-2和图3-5来看，碳排放强度绝对量上，研究期间尽管存在阶段性的上升或下降，但整体上各国家或区域的碳排放强度相对集中，美国、欧盟、英国、德国的碳排放强度保持相对稳定的状态，且有下降的趋势，随着时间的推进呈现出趋同的态势，日本的碳排放强度近几年有上升的趋势，且上升幅度较大，2010年出现快速增长。发达国家呈现这种态势主要可能是由于随着工业化发达国家的经济发展水平不断提高，产业结构也逐渐转变升级，第一产业的比重越来越小，第二产业的比重先增加后减少，第三产业的比重不断增加，且发达国家一般遵循先轻工业后重工业再到服务业、金融业的发展规律，而且发达国家的工业化进程开始得比较早，面临的碳排放空间比较充裕。

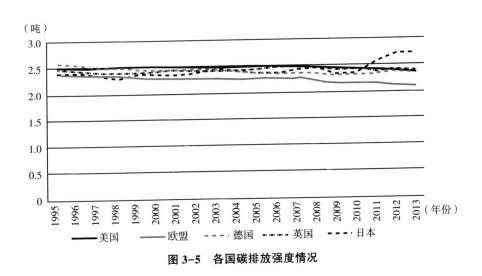

图3-5 各国碳排放强度情况

总体上看，在研究期间，发达国家无论是从碳排放总量、人均碳排放量、单位国土碳排放量、碳排放强度等指标上都保持在比较稳定的状态，并随着时间变化呈现出先增加后减少并逐步趋同的态势，发达国家的人均

GDP 总体随着时间呈上升趋势。选取美国、英国、德国、欧盟、日本为研究对象主要是由于它们与发达国家的平均碳排放水平基本一致。"二战"之前，发达国家的人均碳排放水平不断增加，20 世纪 80 年代后期呈明显下降趋势。这说明早期世界碳排放量主要来自发达国家的局面开始转变，工业发达国家逐渐完成依靠能源消耗带动经济增长的过程，发达国家较高的城市化率，第三产业占比等使得其碳排放量有下降的趋势。尽管发展中国家与发达国家的历史碳排放量差距有缩小的趋势，但是发达国家的累计碳排放量远高于发展中国家，所以在全球性减排方案中发达国家肩负着不可否认的历史责任。

第二节　我国碳排放现状分析

区域的碳排放量是衡量区域经济低碳化的重要参数，很多评价低碳经济的综合指标都是以区域的碳排放为基础建立起来的，例如人均碳排放、碳生产率、脱钩指数等。所以要了解一个区域的低碳经济发展状况以及为其实现节能减排目标建言献策，必须充分了解区域的碳排放历史和现状。我国的人口、人均 GDP、GDP 总量、城市化率、第三产业占比情况见表 3-3。

表 3-3　我国人口、人均 GDP、GDP 总量、城市化率、第三产业占比情况

年份	人口（人）	人均 GDP（美元）	GDP 总量（美元）	城市化率（%）	第三产业占比（%）
1995	1204855000	609.6567653	734548001963.91	30.961	33.65166882
1996	1217550000	709.4134628	863746361646.34	31.916	33.56912897
1997	1230075000	781.743728	961603416246.47	32.883	35.00445337
1998	1241935000	828.5804103	1029043011921.59	33.867	37.04221467
1999	1252735000	873.2872953	1093997559885.48	34.865	38.57420797

续表

年份	人口 （人）	人均GDP （美元）	GDP总量 （美元）	城市化率 （%）	第三产业占比 （%）
2000	1262645000	959.3721081	1211346395438.73	35.877	39.78645813
2001	1271850000	1053.108024	1339395440432.04	37.093	41.22201165
2002	1280400000	1148.508057	1470549716080.70	38.425	42.24679462
2003	1288400000	1288.642924	1660287543796.06	39.776	42.02704079
2004	1296075000	1508.668462	1955347477285.91	41.144	41.18191895
2005	1303720000	1753.4178	2285965854313.36	42.522	41.33475052
2006	1311020000	2099.229676	2752132089196.57	43.868	41.81567956
2007	1317885000	2695.366223	3552182714426.55	45.199	42.85597984
2008	1324655000	3471.247547	4598205419718.79	46.539	42.81663957
2009	1331260000	3838.434292	5109954035775.97	47.88	44.33003305
2010	1337705000	4560.512487	6100620356557.31	49.226	44.07373987
2011	1344130000	5633.796106	7572554360442.62	50.573	44.16481402
2012	1350695000	6337.882993	8560546868811.69	51.889	45.30654514
2013	1357380000	7077.770594	9607224248684.59	53.168	46.69665099
2014	1364270000	7683.502038	10482371325324.70	54.41	47.83713318
2015	1371220000	8027.68381	11007720594138.90	55.614	50.19286489

注：根据《世界银行数据库》1995~2015年的相关数据分析得出。

我国1995~2013年的碳排放总量、人均碳排放量、碳排放强度、单位面积碳排放如表3-4所示。

表3-4 我国相关碳排放指标情况表

单位：吨

年份	碳排放强度	人均碳排放量	碳排放总量	单位面积碳排放量
1995	3.179051785	2.755754966	3320285.15	0.35
1996	3.226531096	2.844309582	3463089.131	0.36
1997	3.235908865	2.820567891	3469510.048	0.36
1998	3.0798658	2.67674598	3324344.519	0.35

续表

年份	碳排放强度	人均碳排放量	碳排放总量	单位面积碳排放量
1999	3.016008251	2.648649247	3318055.614	0.35
2000	2.933537225	2.696862433	3405179.867	0.36
2001	2.940427659	2.742120813	3487566.356	0.36
2002	2.948261878	2.885225041	3694242.143	0.39
2003	3.171863732	3.512245428	4525177.009	0.47
2004	3.226561312	4.080138906	5288166.032	0.55
2005	3.261493539	4.441150695	5790016.984	0.61
2006	3.310021953	4.892727098	6414463.08	0.67
2007	3.323742924	5.153564017	6791804.714	0.71
2008	3.436789144	5.417002118	7175658.94	0.75
2009	3.38097715	5.722912037	7618683.878	0.80
2010	3.551110994	6.554417958	8767877.674	0.92
2011	3.62758734	7.234858712	9724590.64	1.02
2012	3.568315261	7.418954608	10020744.89	1.05
2013	3.391734571	7.550916485	10249463.02	1.07

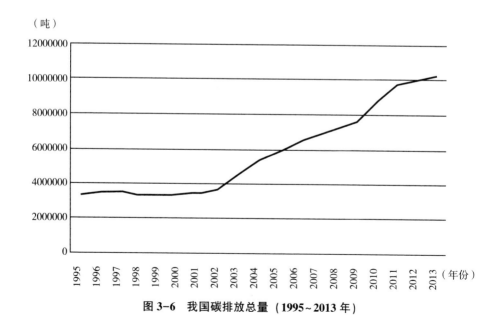

图 3-6 我国碳排放总量（1995~2013 年）

图 3-6 展示了中国碳排放总量的变化趋势。可以看出，近 20 年来我国的二氧化碳排放总量显著增加。我国能源消耗的品类以及碳排放量增加的部分主要来自煤炭消耗。我国对于天然气的消耗量一直都很稳定，碳排放的变化不是很明显。从图 3-6 可以看出，2001 年以后碳排放总量有一个激增期，2001 年的排放量为 34 亿吨，而在 2013 年为 102 亿吨。我国的碳排放总量 2003~2013 年都在 40 亿吨以上，2012 年以来维持在 100 亿吨以上的年排放量水平，1995 年的碳排放量只有 30 亿吨左右。经济发展水平是决定碳排放量水平的重要因素。由表 3-3 可知，1995~2013 年我国 GDP 总量是不断上升的，且增长速度较快，从 1995 年的 7000 多亿美元到 2013 年的 110000 多亿美元，是 1995 年的 15 倍之多，但我国的第三产业占比较低，平均在 30% 以上。相对于发达国家是比较低的水平，我国的人均能源消耗如图 3-7 所示，我国的人均能源消耗量从 1995 年到 2013 年呈现不断上升的趋势，且上升幅度不断加大。这说明我国的经济增长主要是依靠能源消耗的增长方式，还处于粗放式的经济增长模式。

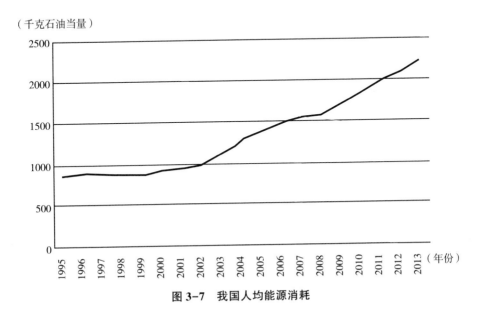

图 3-7　我国人均能源消耗

由表3-3可以看出，我国1995~2015年人口总量不断增加，以及碳排放总量不断增长，用这两个指标相比可以得出人均碳排放量的变动情况。如图3-8所示，我国人均碳排放量的趋势与我国碳排放总量的趋势大致相同，1995~2002年碳排放总量与人均碳排放量变化较为缓慢，2002~2013年碳排放总量及人均碳排放量迅速增加，1995年以来一直处于增长的态势当中，已经从1995年的2.7吨左右的碳排放量一路上升，2003年之后上升到人均3吨以上的水平，直至2013年高达7.5吨左右的水平。这说明，近20年来我国碳排放不论总量或人均量均呈高速增加状态，2002年以后尤为显著，我国逐渐丧失历史人均碳排放较低的优势。

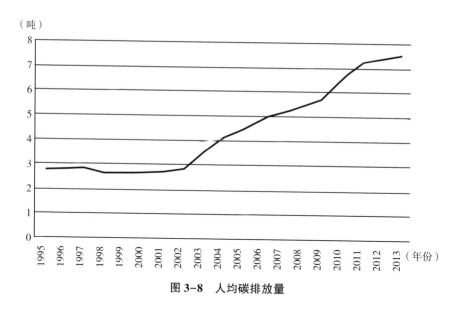

图3-8 人均碳排放量

尽管我国的碳排放总量一直在增加，但从长期的趋势看，我国的碳排放强度还是呈现出下降的趋势，如图3-9所示，我国的能源消费的二氧化碳排放强度不断上升，且保持在较高的水平，说明我国的经济增长主要是依靠能源消耗，以化石能源为主的能源结构依然持续，但1997~2002年有下降

的趋势，以及 2011 年以后有下降的趋势。从 1990 年的每单位人民币
113911.9 吨下降到 2007 年的每单位人民币 23077.58 吨，降低了约 79.74%。
尽管如此，中国的碳排放强度仍然高于世界平均水平，而且碳排放强度位居
世界前列，如图 3-10 所示。在哥本哈根气候变化大会前夕，中国向世界做
出了负责任的承诺：到 2020 年单位国内生产总值二氧化碳排放比 2005 年下
降 40%~45%，该减排目标远高于美国提出的 17% 的减排承诺。要实现这一
目标，对碳排放的现状分析难以给出一个清晰的可循路径，再加上我国幅员
辽阔，各地经济水平、地理条件、能源资源禀赋、人文历史等存在差异，各
个城市有自身的低碳发展特征，很难用同样的方法帮助所有的地区实现低碳
发展，这些都给我国未来的碳减排形成阻碍，使我国面临严峻的减排形势。
因此，本书选取了中国最具有代表性的四大直辖市，分析总结它们当前的碳
排放水平，了解四大直辖市的碳排放情况，对开展因地制宜的低碳城市建设
有重要意义。

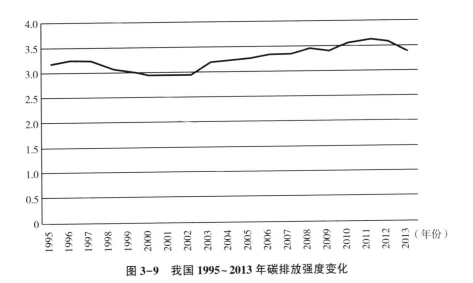

图 3-9 我国 1995~2013 年碳排放强度变化

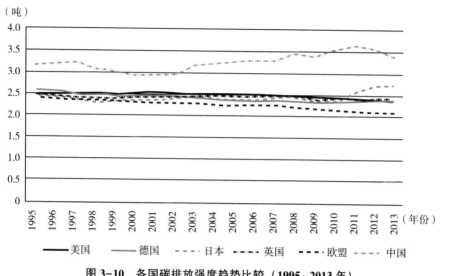

图 3-10 各国碳排放强度趋势比较（1995~2013 年）

第四章　北京市碳排放现状分析

第一节　北京社会经济发展概况

北京作为中国的首都，是国家的政治、经济和文化中心，特别是改革开放后，党和国家领导人坚定不移地贯彻方针政策，社会经济发生了巨大变化，经济增长，产业结构优化升级，综合经济实力明显加强。

一、经济增长总量发展趋势

1995 年以来，北京经济持续稳定增长，如图 4-1 所示，1995~2006 年，经济总量增长较快，增长率波动较明显，且总体较高，主要是因为这一阶段工业化进程加快，同时城市化进程加快。中国的经济已经进入一个快速发展的阶段，增长率在 15%~20%。2008 年后，北京国内生产总值将继续增长，在 10%~15%，波动较大。国内生产总值 1995 年为 1507.7 亿元，2015 年高达 23014.6 亿元，按可比价格计算，同比增长 6.9%，年平均增长率约为 15%。

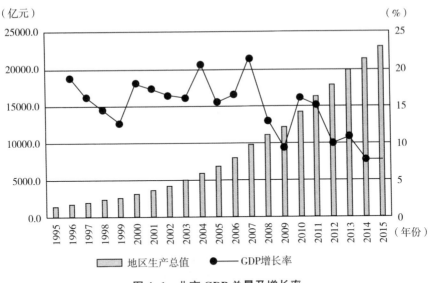

图 4-1　北京 GDP 总量及增长率

二、经济结构现状特征

随着城镇化进程的加快，北京产业结构不断调整升级。2015 年第一产业增加值 140.2 亿元，占 GDP 的比例为 1.23%，比 1995 年增加了 94%；第二产业增加值为 4542.6 亿元，占地区生产总值的比重为 19.74 %；第三产业增加值为 18331.7 亿元，占 GDP 的比重为 79.65%。从图 4-2 可以看出：三大产业中，第一产业比重相对稳定，呈下降趋势，从 1995 年到 2015 年，比例从 4.79% 至 0.61%；第二产业比重大幅下滑，占国民生产总值的比重从 42.69% 下降至 19.74%；第三产业发展较快，比重由 52.52% 上升至 79.65%。三大产业结构由 1995 年的 4.79∶42.69∶52.52 逐渐演变成 2015 年的 0.61∶19.74∶79.65，商业服务、旅游、房地产、金融、交通运输、信息服务业等第三产业蓬勃发展，产业结构调整优化提高了北京现代化水平，1995 年第三产业比重更为显著，首次超过 50%，北京市"321"产业结构开始建立。

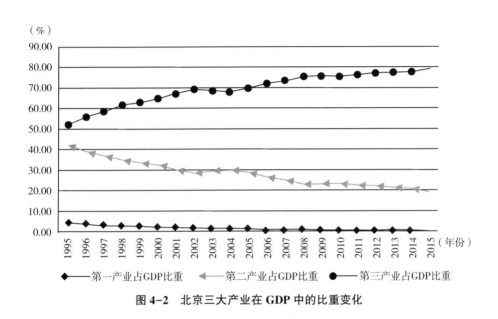

图4-2 北京三大产业在 GDP 中的比重变化

第二节 北京综合能源消费的碳排放总量

2015 年北京综合能源消费碳排放量达到 1.68 亿吨标准煤，比 1995 年同期的 8691.91 万吨标准煤同比增长 8165.49 万吨标准煤，年均增长 93.9%。

从图 4-3 可以看出，北京综合能源消费二氧化碳排放量可以划分为四个阶段，1995~1997 年增长较缓慢，增长率维持在 5% 左右；1997~2002年，由于亚洲金融危机的冲击，经济增长受到影响，北京的能源消费增长呈现放缓趋势，维持在 2% 左右；2002~2007 年中国经济发展势头良好，经济增长开始重点放在重工业上，北京的能源消费也呈增长的趋势，达到7%；2008 年以来，受金融危机的影响和国内外各界逐渐意识到环境保护

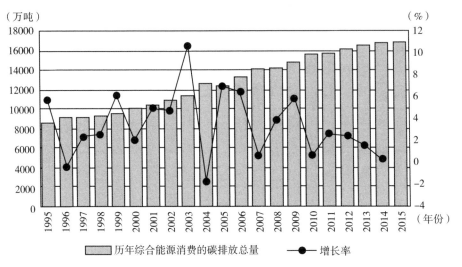

图4-3 北京综合能源消费二氧化碳排放量及增长率

的重要性，导致 2008 年以来北京能源消费达到最高点后逐渐下降，基本维持在 2%。

第三节 北京二氧化碳排放强度现状

二氧化碳排放强度（也称为单位 GDP 二氧化碳排放量）是指单位国内生产总值二氧化碳排放量。北京 1995~2014 年单位 GDP 二氧化碳排放强度稳步下降，如图 4-4 所示，从 1995 年的 5.77 吨/万元降至 0.73 吨/万元，近 20 年，下降了 87%，表明北京经济蓬勃发展的同时，重视技术进步，提高能源利用效率，也证明了北京这些减排工作取得的巨大成就，低碳经济发展道路走向更好。

（吨/万元）

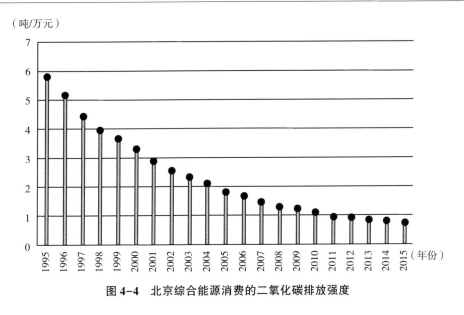

图 4-4　北京综合能源消费的二氧化碳排放强度

第四节　北京能源消费结构现状

随着北京能源结构的不断优化，能耗结构变化不大，天然气优质能源比例提高，油品、电力的变动幅度较小且所占比重较大，煤炭这种高碳能源的比重不断下降，如图 4-5、图 4-6 所示，2015 年北京优质能源占能源消费总量的比例达到 86.3%，比上年增加 6.7%，其中：天然气增加 29%、电力增加 23.8%、油品增加 33.5 %。天然气、石油分别比上年上涨 7.9%、0.9%。煤炭消费总量达 938.8 万吨，比重达到 13.7%，下降幅度较大。

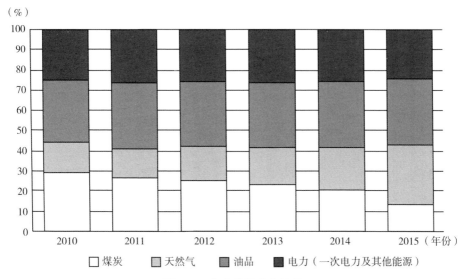

图 4-5　北京能源消费结构

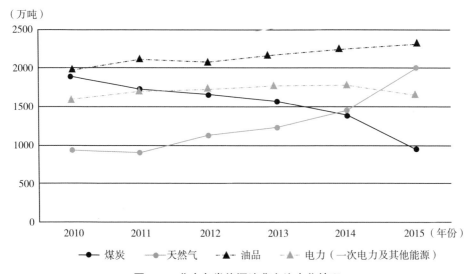

图 4-6　北京各类能源消费占比变化情况

第五节 北京终端能源消费结构

2015 年，北京第一产业能源消耗量为 84.6 万吨标准煤，占总能耗的 1.7%，第二产业能源消耗量为 1611.2 万吨标准煤，占比 32.2%，第三产业能源消耗量 3312.6 万吨标准煤，占比 66.1%，住宅生活能源消耗量 1552.7 万吨标准煤，占比 31.9%。如图 4-8 所示，北京第二产业能源消费比例持续下降，由 1995 年的 87.5%下降到 2015 年的 32.2%，第三产业占总能耗比重逐年提高，从 1995 年的 10.5%上升到 2015 年的 66.1%。从总体看，生活能源消费不断增加，但在能耗总量中占比远远低于产业能源消费在总能耗量中的占比。

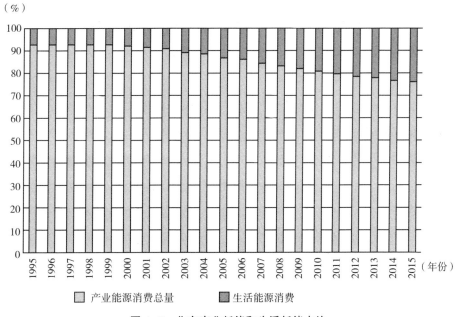

图 4-7 北京产业耗能和生活耗能占比

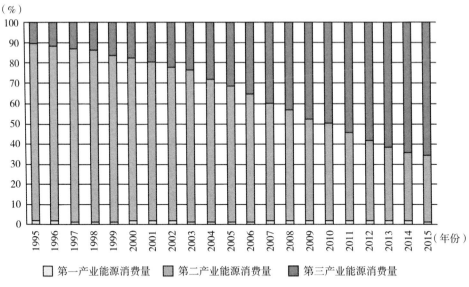

图 4-8　北京三次产业能源消费占产业能源消费比例

第六节　北京第一产业能源消费

北京第一产业增加值与第一产业占 GDP 的比重如图 4-9 所示，1995～2006 年第一产业增加值较为平稳，呈现缓慢的增长趋势，2006～2014 年第一产业增加值呈明显的上升趋势，2006 年仅为 85.4 亿元，到 2014 年第一产业增加值达到 159 亿元，2015 年有所下降为 140.2 亿元。但在统计时间内，第一产业产值占 GDP 的比重呈现明显的下降趋势，1995 年第一产业产值占 GDP 的比重约为 4.79%，到 2015 年时，第一产业产值占 GDP 的比重下降至约 0.61%。

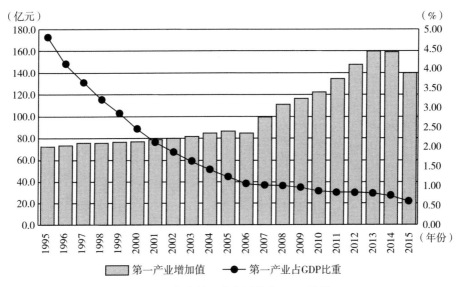

图 4-9 北京第一产业及其占 GDP 比重

　　第一产业能源消费及其比重如图 4-10 所示，第一产业的能源消费量在 1999 年前一直呈下降的态势，中间有个别年份略有上升，2000 年开始有大幅度上升，一直持续到 2003 年，2004~2015 年趋于稳定，中间年份略有涨幅。1995 年，第一产业的能源消耗量约为 120.4 万吨标准煤，到 1999 年时，第一产业能源消耗量减少至 86.9 万吨标准煤，2014 年与 2015 年的第一产业能源消耗量分别为 91.7 万吨标准煤与 84.6 万吨标准煤。第一产业的能源消费占比总体上一直呈下降趋势，1999~2000 年有上升态势，且在 1995~1999 年能源消费总量下降较为明显，2000~2004 年又出现了新的下降节点，2004~2015 年趋于稳定，各年份稍有变化。

　　北京第一产业能耗强度如图 4-11 所示，第一产业能耗强度总体呈现下降趋势，在 2000 年出现较大幅度的上升，之后出现了下降的态势，2000 年与 2015 年的能耗强度分别为 1.35 吨标准煤/万元与 0.60 吨标准煤/万元。

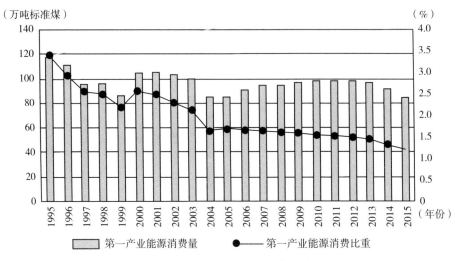

图 4-10　北京第一产业能源消费及其比重

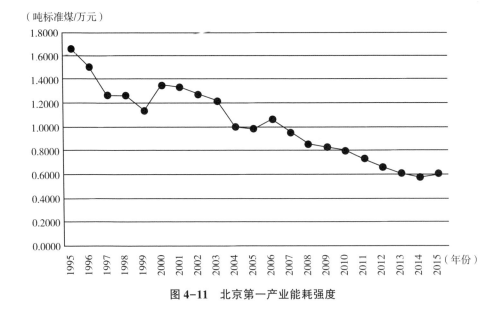

图 4-11　北京第一产业能耗强度

第七节 北京第二产业能源消费及其结构

北京第二产业增加值、工业增加值均呈现上升趋势，两者占 GDP 的比重总体上呈现下降的趋势，2002~2004 年呈现上升趋势，如图 4-12 所示。1995 年，北京第二产业增加值仅为 643.6 亿元，工业增加值为 527.8 亿元；2015 年，第二产业增加值达到 4542.6 亿元，工业增加值达到 3710.9 亿元，第二产业增加值是 1995 年的 7.06 倍，工业增加值是 1995 年时的 7.04 倍。第二产业增加值占 GDP 的比重在 1995 年时最高为 42.69%，之后占比缓慢下降，个别年份略有上升，至 2015 年时为 19.74%，工业增加值占 GDP 的比重 1995 时为 30.01%，到 2015 年时下降至 16.12%。第二产业增加值占 GDP 比重与工业增加值占 GDP 比重的整体走势趋于一致，说明工业对第二产业产生的 GDP 有重要影响。

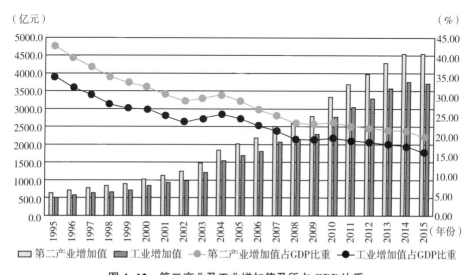

图 4-12 第二产业及工业增加值及所占 GDP 比重

近 20 年来，北京工业产值能耗强度呈现下降趋势，如图 4-13 所示。北京工业产值能耗强度，1997 年是 3.86 吨标准煤/万元，在 2001 年时约为 2.46 吨标准煤/万元，到 2014 年、2015 年分别下降至 0.52 吨标准煤/万元和 0.49 吨标准煤/万元。

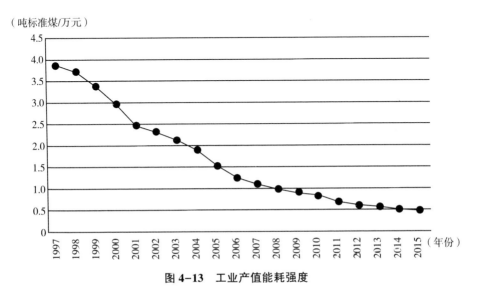

图 4-13　工业产值能耗强度

北京地区各工业行业的产值能耗呈现的趋势不尽相同。总体上说，能源工业的变动幅度较大，采矿业、装备制造业、电子信息工业比较稳定一直处于较低水平，材料工业、化工医药明显高于其他行业（见图 4-14）。其中，能源工业的产值能耗最高，2005 年为 1.71 吨标准煤/万元，2006 年降到 0.31 吨标准煤/万元。材料工业、化工工业和采矿业产值能耗较高，2015 年分别为 0.23 吨标准煤/万元、0.38 吨标准煤/万元和 0.21 吨标准煤/万元。装备制造业、消费品制造业、电子信息工业和其他工业的产值能耗较低，2015 年分别为 0.03 吨标准煤/万元、0.11 吨标准煤/万元、0.04 吨标准煤/万元和 0.06 吨标准煤/万元。

（吨标准煤/万元）

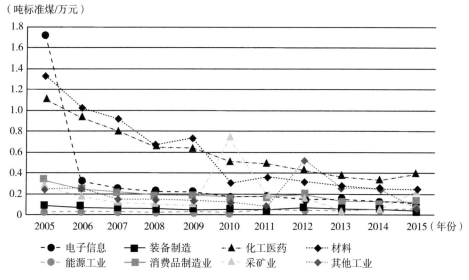

图4-14 工业各行业产值能耗

从工业能耗结构看，材料工业能源消耗占比逐步减少，且变动幅度较大（见图4-15），从2000年的50.5%下降到2015年的10.83%。化工医药业能源消耗占比不断增加，2000年、2005年、2010年、2015年分别为31.63%、36.01%、32.83%、36.64%。能源工业能耗占比从2005年的5.65%上升到2015年的26.63%。能源、化工、材料和采矿四大工业耗能占比从88.56%下降到75.07%。

由工业各行业产值比例显示（见图4-16），2000年工业主要行业为电子信息、装备制造、材料、化工和消费品工业，主要行业产值比例相对平均，而2015年，工业主要行业演化为装备制造、能源、电子信息、化工医药四大行业。能源工业上升势头迅猛，其产值占比从2000年的2.49%上升至2015年的27.17%，而能源、化工、材料和采矿四大高耗能行业的产值比例2000年为35.15%，2015年上升到43.07%。

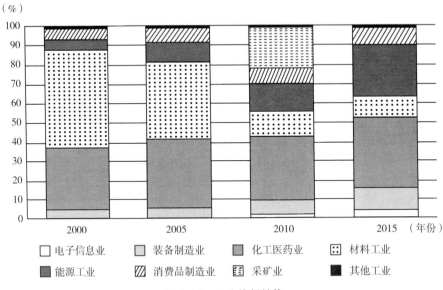

图 4-15　工业能耗结构

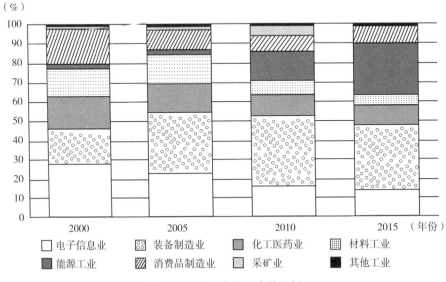

图 4-16　工业各行业产值比例

综合考虑工业各行业能耗产值比，如图4-17所示，各年份电子信息工业、装备制造业、消费品制造业、采矿业和其他工业的能耗产值比在1以下，表明其1%的能耗占比创造了大于1%的产值。而2000年、2005年能源工业、化工工业和材料工业的能耗产值比大于1，说明其1%的能耗占比创造的产值小于1%的比例。

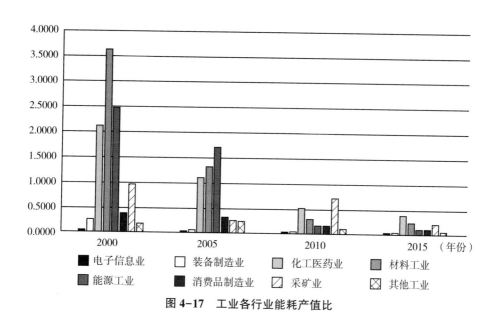

图4-17 工业各行业能耗产值比

其中，如图4-18所示，能源工业产值占比、能源消费占比呈现不断上升的态势，2015年，能源工业产值占比达到了27.17%，其中能源消费占比达到26.63%。2000年和2005年数据相差较大，2010年和2015年数据基本持平。

2015年，化工医药业的产值占比为10.34%，但其能源消费占比为36.64%。并且，其产值比例呈下降趋势，但各年份能源消费趋势较为稳定，都在30%以上，如图4-19所示。

2015年，材料工业产值占比为5.08%，但其能源消费占比为10.83%，并且，材料工业产值占比发展较为平稳，其能源消费占比呈现明显的下降趋势，如图4-20所示。

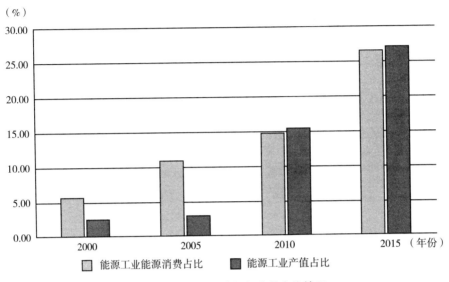

图4-18 能源工业能耗与产值占比情况

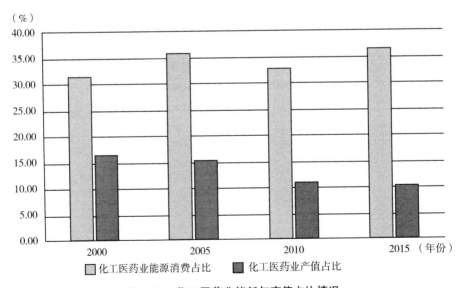

图4-19 化工医药业能耗与产值占比情况

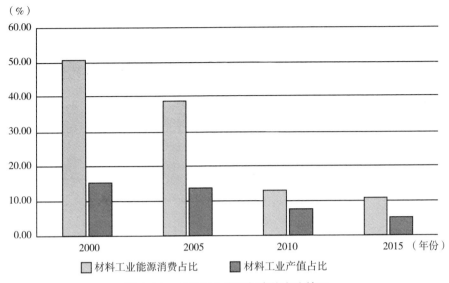

图 4-20　材料工业能耗与产值占比情况

采矿业在工业中规模较小，其产值占比在 2000 年、2005 年、2015 年都较低，在 0.5%~2%，其能源消费占比也较低，为 0.5%~1%，2010 年，产值占比达到了 5.13%，能源消费占比高达 21.66%，如图 4-21 所示。

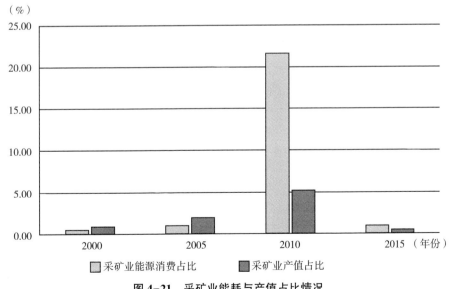

图 4-21　采矿业能耗与产值占比情况

第八节　北京第三产业能源消费结构

北京地区第三产业增加值逐年上升，如图 4-22 所示，第三产业增加值在 1995 年仅为 791.9 亿元，2010 年约为 10665.2 亿元，2015 年增至 18331.7 亿元，2015 年的第三产业增加值约为 1995 年的 23 倍，约为 2010 年的 1.7 倍，其上升趋势明显。第三产业产值占 GDP 的比重呈现缓慢的上升趋势，趋势较为平稳，维持在 70% 左右。

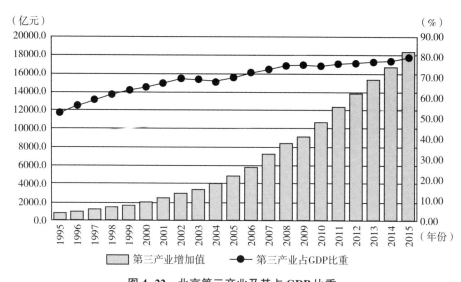

图 4-22　北京第三产业及其占 GDP 比重

北京地区第三产业能源消耗量与第三产业能源消耗占比均呈现上升趋势，如图 4-23 所示。1995 年第三产业能源消费总量为 632.7 万吨标准煤，第三产业产值占 GDP 的比重为 17.91%，2015 年第三产业能源消耗量增加至 3312.6 万吨标准煤，第三产业产值占 GDP 的比重增加至 48.34%。北京第三产业能耗强度如图 4-24 所示，自 1995~2015 年后呈现明显的下降趋势，1995 年的能耗强度约为 0.80 吨标准煤/万元，2015 年的能耗强度下降至 0.18 吨标准煤/万元。

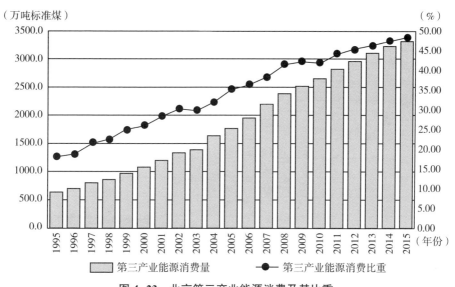

图 4-23 北京第三产业能源消费及其比重

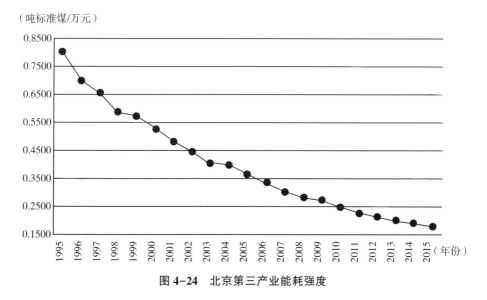

图 4-24 北京第三产业能耗强度

北京三次产业综合能耗强度比较如图4-25所示，三次产业综合能耗强度总体呈现下降趋势，自2006年开始保持逐年缓慢下降。第一、第二产业能耗强度远低于第三产业能耗强度，近年来所有能耗强度均呈现下降趋势，且第二产业下降趋势最为显著，第一、第三产业下降趋势较为平稳。

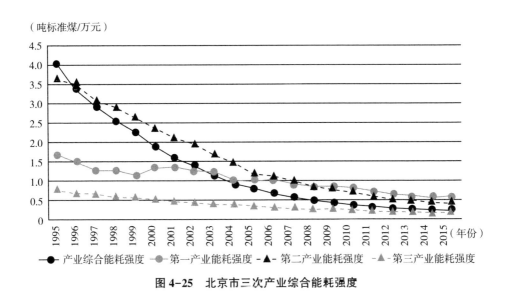

图4-25 北京市三次产业综合能耗强度

第九节　北京生活能源消费及其结构

北京人口自1999年后开始呈现上升趋势，如图4-26所示。1999年时，北京市常住人口约为1257.2万人，人口增长率为0.9%；2015年，常住人口约为2170.5万人，人口增长率为3.01%，近20年来人口增长率变化较大，各年有增有减。

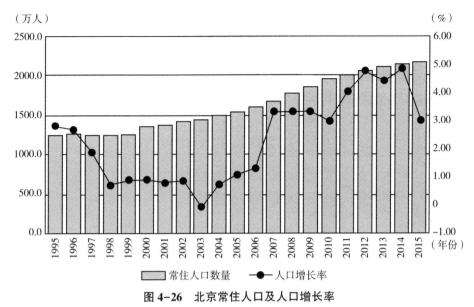

图4-26　北京常住人口及人口增长率

北京人口中，农村人口一直呈现平稳的趋势，城镇人口呈现上升趋势，城镇人口一直比农村人口多且两者相差较大。城镇化率逐年提升且城镇化水平较高，如图4-27所示。1995年，北京农村人口为304.9万人，城镇人口为946.2万人，城镇化率为76%。到2015年，城镇人口上升至1877.7万人，农村人口下降至292.8万人，城镇化率提高至86.5%。

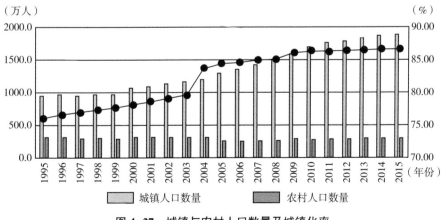

图4-27　城镇与农村人口数量及城镇化率

北京生活能源消费逐年上升，如图4-28所示。1995~2015年生活能耗增长率各年份差异较大，且不平稳，大致在-1%~12%，其中，1995年为451.8万吨标准煤，2005年为829万吨标准煤，2010年为1242.5万吨标准煤，2015年为1552.7万吨标准煤。

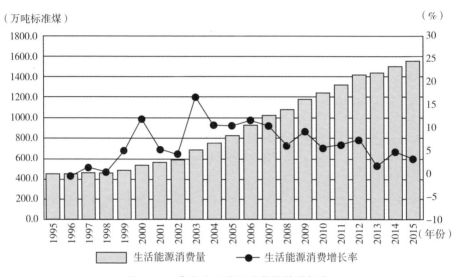

图4-28 北京生活能源消费及其增长率

北京农村与城镇生活能源消费占比如图4-29所示，城镇生活能源消费占比总体呈现上升趋势，农村生活能源占比呈现下降趋势，且城镇生活能源占比远远高于农村生活能源占比。2008~2011年，城镇生活能源消费占比有所下降，农村生活能源占比有所上升。2015年，城镇生活能源消费量为1297.69万吨标准煤，占比为83.58%，农村生活能源消费量为255.02万吨标准煤，占比为16.42%。

北京全部人口人均生活能源消费量、城镇人均生活能源消费量均呈现上升趋势，乡村人均生活能源消费量2004~2015年变化较大，有增有减，且高于人均生活能源消费量、城镇人均生活能源消费量，如图4-30所示。2015年，全市人均生活能源消费为0.72吨/人、城镇为0.69吨/人，农村为0.87吨/人。

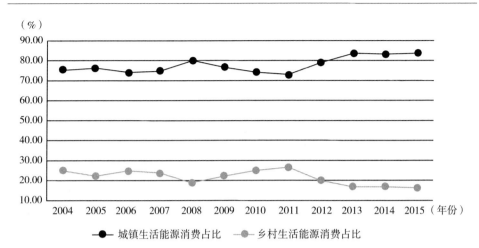

图 4-29 北京城乡生活能源占比比较

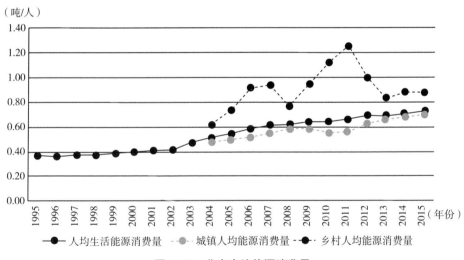

图 4-30 北京人均能源消费量

第五章 天津市碳排放现状分析

第一节 天津综合能源消费的碳排放总量

天津地区综合能源消费的二氧化碳排放总量一直呈现出上升趋势，但其碳排放速度自 2010 年后呈下降趋势，如图 5-1 所示，1997 年天津综合能源

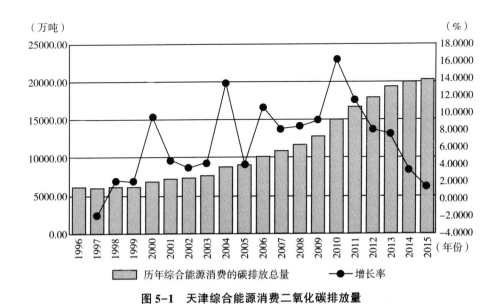

图 5-1 天津综合能源消费二氧化碳排放量

消费的二氧化碳排放总量为 6032.76 万吨，自 2006 年以后，综合能源的二氧化碳排放总量均超过 10000 万吨，到 2015 年综合能源消费的二氧化碳排放总量达到了 20319.92 万吨，约为 1996 年的 3.37 倍。"十五"期间碳排放的平均增长速度为 5.90%，"十一五"期间碳排放的平均增长率约为 10.44%，在"十二五"期间碳排放的平均增长率约为 6.36%。"十二五"期间相对于"十一五"期间碳排放增长率显著降低。

第二节 天津二氧化碳排放强度现状

天津经济增长速度与能源消费增长率具有较大的相关性，如图 5-2 所示，天津地区能源消费增长率呈缩小趋势。如图 5-3 所示，天津地区 1997

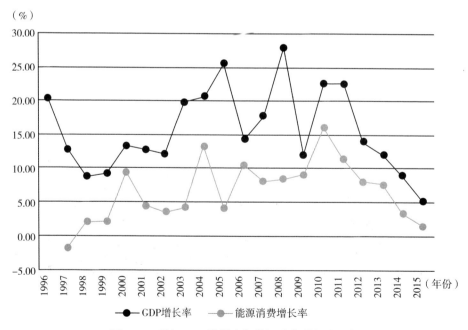

图5-2 天津 GDP 增长率与能源消费增长率比较

年碳排放强度为 4.77 吨/万元，"十五"期间平均碳排放强度约为 3.07 吨/万元，"十一五"期间平均碳排放强度约为 1.89 吨/万元，"十二五"期间平均碳排放强度约为 1.34 吨/万元，在三个五年计划期间有明显的下降趋势。由此可见，天津地区经济增长与碳排放的关联性逐渐变弱，其经济发展的模式正走向低碳增长的轨道。

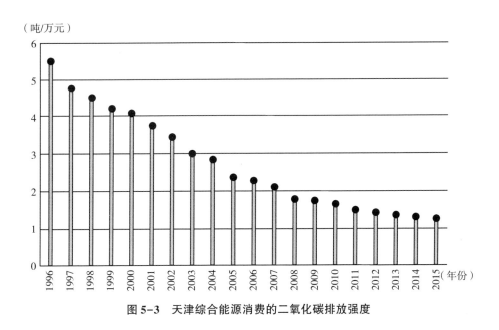

图 5-3 天津综合能源消费的二氧化碳排放强度

第三节 天津能源消费结构现状

天津地区能源消费结构和各能源消费占比情况分别如图 5-4 和图 5-5 所示，2006 年以前天津地区是以煤炭为主的能源消费结构，2006 年以后，也就是进入"十一五"以后，其能源结构逐步转变成以电力、天然气和煤

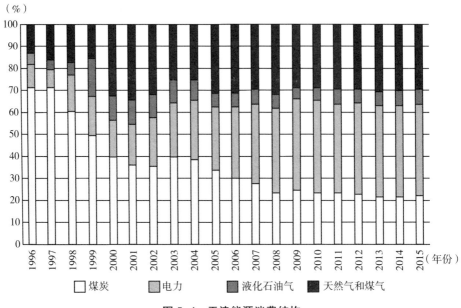

图 5-4 天津能源消费结构

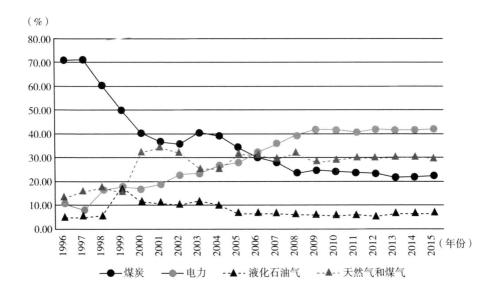

图 5-5 各类能源消费占比变化情况

气为主的能源结构。1997 年，天然气和煤气占总体能源消耗量的约
15.81%，电力占总体能源消耗量的约 7.95%，截至 2015 年，天然气和煤气
占总体能源消耗量的约 29.22%，电力占总体能源消耗量的约 41.95%，而煤
炭能源的使用呈递减趋势，从 1997 年的占能源消耗总量 70%下降到 2015 年
的约占能源消耗总量的 20%。液化石油气的消耗量一直保持相对稳定，基
本维持在能源消耗总量的 10%以下。

第四节　天津终端能源消费结构

天津地区产业能耗占比与工业能耗占比如图 5-6 所示，总体看，产业
能耗占了能耗总量的约 88%，生活能耗仅占能耗总量的约 12%。天津地区
三次产业能源消费占产业能源消费比例如图 5-7 所示：第一产业能源消耗

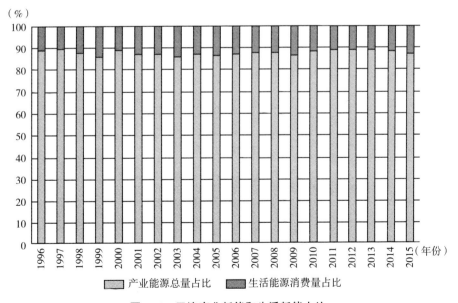

图 5-6　天津产业耗能和生活耗能占比

占比有下降趋势，1997年，第一产业能源消耗约占产业能源消耗的约1.83%，到2015年仅占到约1.27%。第二产业的能源消耗量一直占产业能源消耗量的绝大多数，但总体变动并不大，基本保持在70%左右，1997~2007年呈先下降后上升趋势，1999年占比最低，为61.01%。第三产业的能源消耗量占比基本呈现出逐渐上升的趋势，1997年，第三产业能源消耗仅占产业能源消耗的约17.17%，到2015年减少至14.99%。

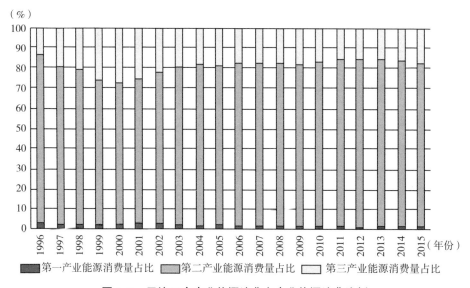

图5-7 天津三次产业能源消费占产业能源消费比例

第五节 天津第一产业能源消费及其结构

天津地区第一产业增加值与第一产业占GDP的比重如图5-8所示，第一产业增加值显著增长，1997年第一产业增加值仅为69.52亿元，2015年第一产业增加值达到 208.82 亿元。但第一产业产值占 GDP 的比重呈现明显的下降趋势，1997 年第一产业产值占 GDP 的比重约为 5.50%，2015 年第一产业产值占 GDP 的比重下降至约 1.26%。

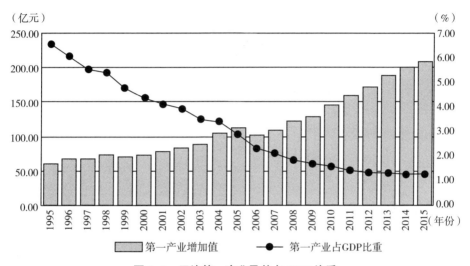

图 5-8　天津第一产业及其占 GDP 比重

第一产业能源消费及其占比如图 5-9 所示，天津地区能源消费总量总体呈上升趋势，1997 年，天津地区第一产业能源消费总量为 44.76 万吨标准煤，2015 年第一产业能源消费总量为 105.05 万吨标准煤，而第一产业能源消费占比呈先增长后下降趋势，1997 年第一产业能源消费占比 1.83%，2002 年能源消费比重上升到 2.54%，此后呈递减趋势，2015 年第一产业能源消费比重仅为 1.27%。

天津第一产业能耗强度如图 5-10 所示，第一产业能耗强度总体呈现下降趋势，且在 2003 年出现了大幅度的下降，2002 年与 2003 年的能耗强度分别为 0.910 吨标准煤/万元与 0.663 吨标准煤/万元。

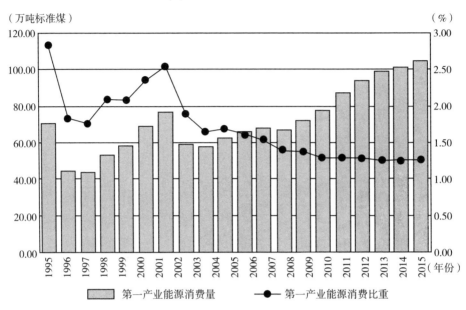

图5-9 天津第一产业能源消费及其比重

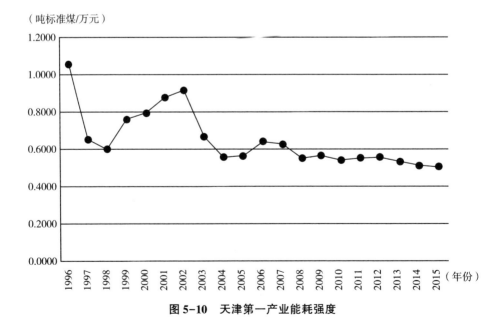

图 5-10 天津第一产业能耗强度

第六节　天津第二产业能源消费及其结构

天津地区第二产业增加值、工业增加值均呈现上升趋势，两者占 GDP 的比重均较为稳定，总体呈缓慢下降趋势，如图 5-11 所示。1997 年，第二产业增加值仅为 676.01 亿元，2015 年增加至 7704.22 亿元；1997 年，工业增加值为 609.65 亿元，2015 年工业增加值达到 6982.66 亿元，工业增加值是 1997 年的 11.45 倍。第二产业增加值占 GDP 的比重在 1997 年为 53.46%，之后缓慢下降至 2015 年的 46.58%；工业增加值占 GDP 的比重 1997 年为 48.21%，到 2015 年下降至 42.22%。天津地区工业占第二产业的比重呈现出下降趋势，1997 年，工业增加值占第二产业比重为 53.46%，到 2015 年工业增加值占第二产业增加值比重下降至 46.58%。

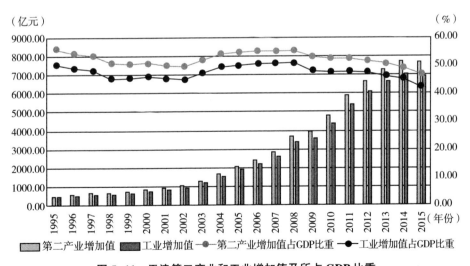

图 5-11　天津第二产业和工业增加值及所占 GDP 比重

近 20 年来，天津工业产值能耗呈现下降趋势，如图 5-12 所示。天津工业产值能耗，1997 年为 3.09 吨标准煤/万元，1998 年约为 2.79 吨标准煤/万元，2014 年、2015 年分别下降至 0.86 吨标准煤/万元和 0.80 吨标准煤/万元。

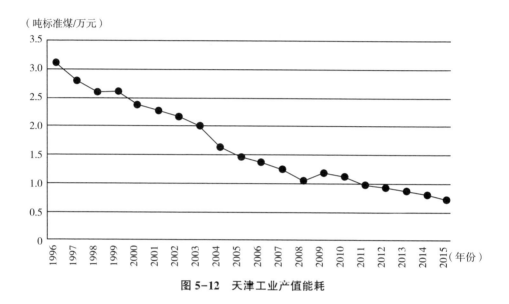

图 5-12　天津工业产值能耗

第七节　天津第三产业能源消费及其结构

天津地区第三产业增加值逐年上升，如图 5-13 所示，第三产业增加值在 1997 年仅为 519.10 亿元，2010 年约为 4238.65 亿元，2015 年增加至 8625.15 亿元，2015 年第三产业增加值约为 1997 年的 16.62 倍，约为 2010 年的 2.03 倍，其上升趋势明显。第三产业产值占 GDP 的比重呈现缓慢上升趋势，从 1997 年的 41.05% 逐渐上升到 2015 年的 52.15%。

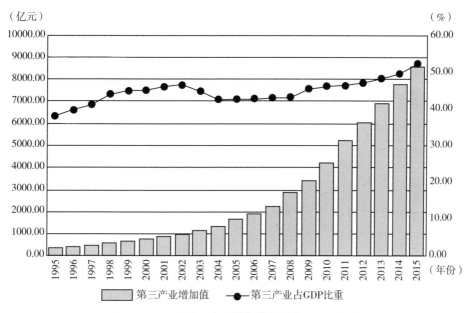

图 5-13　天津第三产业增加值及其占 GDP 比重

　　天津地区第三产业能源消耗量呈现上升趋势，而第三产业能源消费占比呈现先上升后下降趋势，如图 5-14 所示。1997 年，第三产业能源消费总量为 420.96 万吨标准煤，第三产业能源消费占比为 17.17%；2000 年，第三产业能源消费总量为 635.23 万吨标准煤，第三产业能源消费占比为22.74%；2015 年，第三产业能源消耗量增加至 1237.85 万吨标准煤，第三产业能源消费占比减少至 14.99%。第三产业能耗强度如图 5-14 所示，自2000 年呈现明显的下降趋势。2000 年的能耗强度约为 0.8311 吨标准煤/万元，2015 年的能耗强度下降至 0.1435 吨标准煤/万元。

　　天津三次产业能耗强度比较如图 5-16 所示，产业综合能耗强度总体呈现下降趋势，自 2008 年开始逐年缓慢下降。第一、第三产业能耗强度远低于第二产业能耗强度，近年来所有能耗强度均呈现下降趋势，且第二产业下降趋势最为显著。

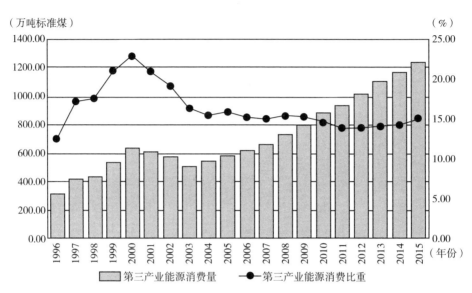

图 5-14 天津第三业能源消费及其比重

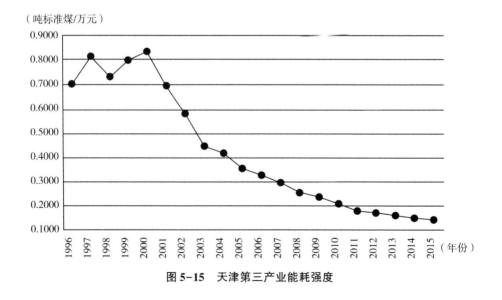

图 5-15 天津第三产业能耗强度

（吨标准煤/万元）

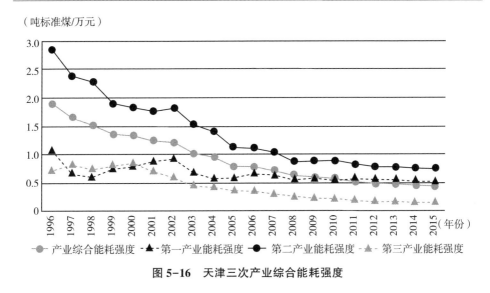

图 5-16 天津三次产业综合能耗强度

第八节 天津生活能源消费及其结构

天津人口自 2005 年后开始呈现上升趋势，而人口增长率 2001 年以后呈现先上升后下降趋势，2010 年达到最高点，如图 5-17 所示。2005 年，天津市常住人口约为 1043.00 万人，人口增长率为 1.8883%；2010 年，常住人口约为 1299.29 万人，人口增长率为 5.7916%；2015 年，常住人口约为 1546.95 万人，人口增长率为 1.9871%。

天津人口中，农村人口呈下降趋势，2005 年以后基本保持稳定，城镇人口呈现上升趋势，城镇化率逐年提升，如图 5-18 所示。1997 年，天津农村人口为 389.7 万人，城镇人口为 562.89 万人，城镇化率为 59.09%。2005 年，天津农村人口为 259 万人，城镇人口为 784 万人，城镇化率为 75.17%。截至 2015 年，城镇人口上升至 1278.4 万人，农村人口下降至 268.55 万人，城镇化率提高至 82.64%。

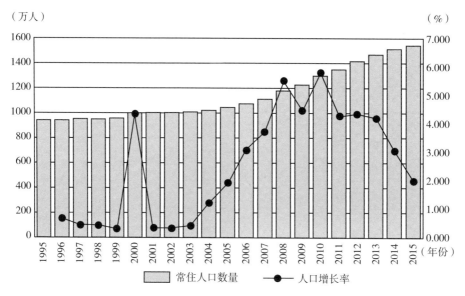

图 5-17 天津常住人口及人口增长率

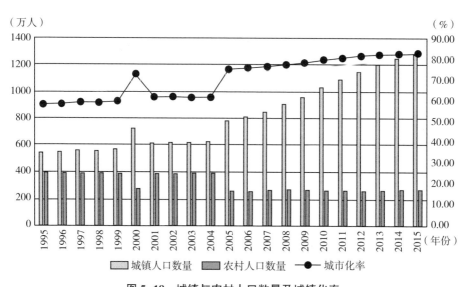

图 5-18 城镇与农村人口数量及城镇化率

天津生活能源消费逐年上升,如图 5-19 所示。1997～2015 年年均增长 7.79%,其中,1997 年为 241.47 万吨标准煤,2005 年为 460.87 万吨标准煤，2010 年为 671.01 万吨标准煤，2015 年为 1013.69 万吨标准煤。

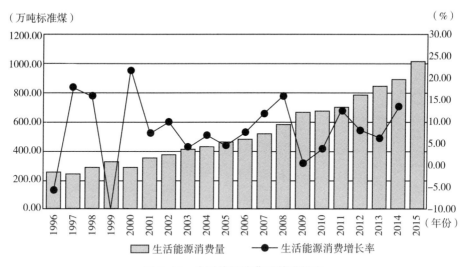

图 5-19 生活能源消费及其增长率

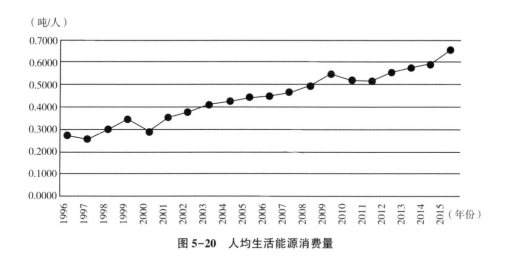

图 5-20 人均生活能源消费量

天津全部人口人均生活能源消费量呈现上升趋势，如图 5-20 所示。1997 年，全部人口人均生活能源消费量为 0.2535 吨/人，2015 年，人均生活能源消费为 0.6553 吨/人。

第六章　上海市碳排放现状分析

上海是中国首批开放的沿海城市，是国家中心城市、超大城市，是中国经济、交通、科技、工业、贸易、会展和航运中心，亦是全球著名的金融中心。上海的对外贸易港口资源丰富，有大型的深水港供国际航运使用。上海港货物吞吐量和集装箱吞吐量均居世界第一，是一个良好的滨江滨海国际性港口。对内有长江沿岸港口直达武汉、重庆，2013 年上海成为中国首个自贸区试验区所在地。

第一节　上海综合能源消费的碳排放总量

上海综合能源消费的碳排放总量如图 6-1 所示。上海综合能源消费的碳排放总量基本处于逐年增长的态势，从 1995 年的 4392.48 万吨增长到 2015 年的 11387.44 万吨。2015 年的碳排放总量是 1995 年的 2.59 倍，但 2011~2015 年，碳排放总量有涨有落，平均水平基本保持不变，平均增长率为 1.03%。碳排放增长率自 2007 年之后基本保持急剧下降的趋势。2014 年下降至 1995~2015 年 20 年间的最低点，即增长率为-2.3010%。"十五"期间碳排放的平均增长速度为 10.17%，"十一五"期间碳排放的平均增长率约为 5.53%，在"十二五"期间的碳排放的平均增长率约为 1.03%，"十二五"期间碳排放的增长速度相比"十一五"期间有大幅度的下降。

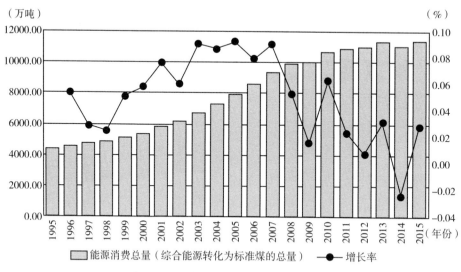

图 6-1　综合能源消费二氧化碳排放量

第二节　上海二氧化碳排放强度现状

　　GDP 增长率与能源消费增长率在 2013 年以前呈现较强的正相关性，GDP 增长率与能源消费增长率基本保持了同步增减变化。但在 2013～2015 年，能源消费增长率并不随 GDP 增长率变化而变化，如图 6-2 所示。从图 6-3 中可以看出，综合能源消费二氧化碳排放强度呈现逐年减少的趋势。二氧化碳排放强度从 1995 年的 4.32 吨/万元减少至 2015 年的 1.11 吨/万元，平均增长率为-6.56%。这说明上海的经济增长与碳排放强度的关系正在逐年减弱，经济的发展不再高度依靠碳排放量的提高。

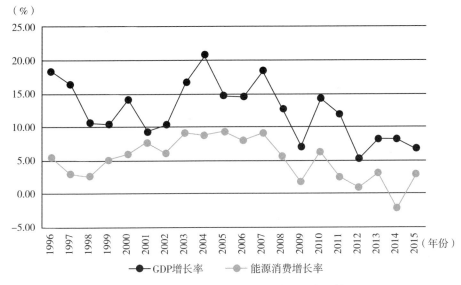

图 6-2　GDP 增长率与能源消费增长率比较

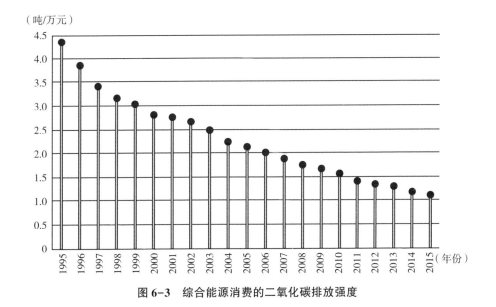

图 6-3　综合能源消费的二氧化碳排放强度

第三节 上海能源消费结构现状

上海能源消费结构在 2007 年之后呈现较大的改变。如图 6-4、图 6-5 所示。2007 年之前，能源消费种类主要是煤炭、油料、电力三大种类，且煤炭占据能源消费结构的 70% 以上。自 2007 年之后，能源消费种类增加了天然气的使用，且煤炭所占比例逐步下降，由 2007 年的 47.7% 下降至 2015 年的 34.6%。天然气的比例逐步提高，由 2007 年的 6.46% 增长到 2015 年的 12.79%，是 2007 年的 2 倍。由图 6-5 可以看出，煤炭所占比例与天然气、油料和电力所占比例呈现相反趋势。煤炭消耗比例的逐年减少和天然气、电力等清洁能源消耗比例的逐步提高，反映了能源消耗结构中的低碳化发展趋势。

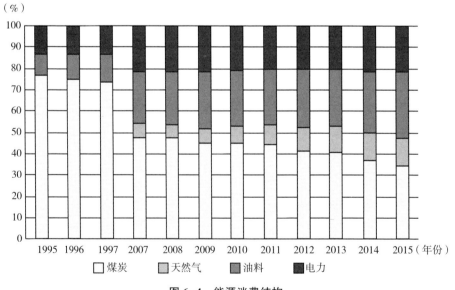

图 6-4 能源消费结构

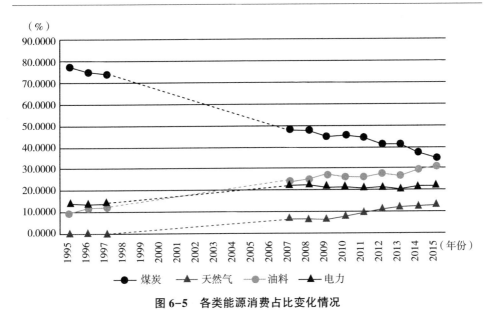

图6-5　各类能源消费占比变化情况

第四节　上海终端能源消费结构

上海地区产业能耗占比与生活能耗占比如图6-6所示，整体上讲，产业能耗在1995~2015年平均占比为90%左右，生活能耗占比为10%左右。就两者的变化趋势而言，生活耗能呈现逐步增长的态势，相应的产业能耗所占比例呈现减少态势。如图6-7所示，在产业能耗中，三大产业的总体变化趋势为：第一产业逐步减少，第二产业逐步减少，第三产业逐步增加。其中，第二产业一直是能源消费的主要产业。第一产业所占比例由1995年的1.96%下降到2015年的0.67%；第二产业所占比例由1995年的84.90%下降到2015年的60.47%；第三产业所占比例由1995年的13.14%增加到2015年的38.86%。

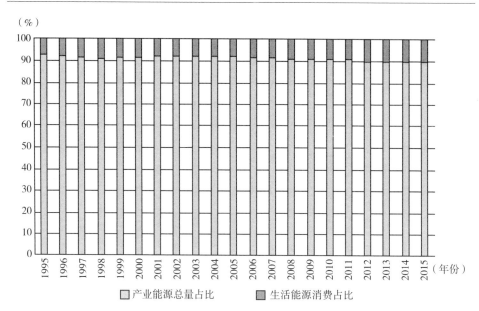

图 6-6 产业耗能和生活耗能占比

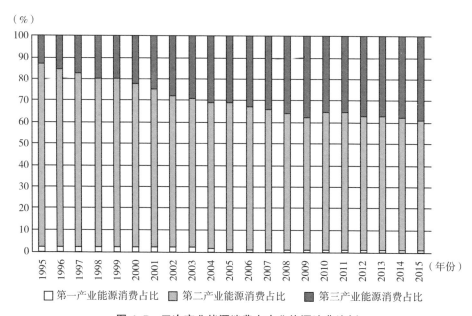

图 6-7 三次产业能源消费占产业能源消费比例

第五节　上海第一产业能源消费

第一产业能源消费及其占 GDP 比重如图 6-8 所示，1995~2012 年上海第一产业能源消费增加值逐年增加，2012~2015 年开始回落。1995 年第一产业能源消费增加值为 60.00 亿元，2015 年相对于 1995 年增加了 40.57 亿元，增加了 0.675 倍。但第一产业占 GDP 的比重在 1995~2015 年间呈现逐年减少的趋势，第一产业对 GDP 的贡献逐渐减少。

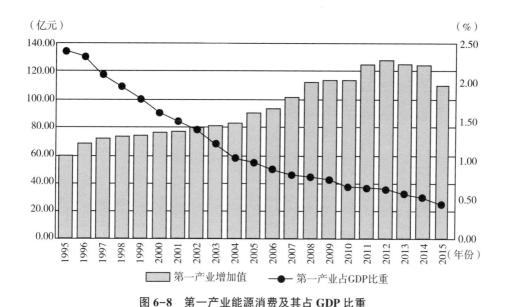

图 6-8　第一产业能源消费及其占 GDP 比重

从图 6-9 可以看出，第一产业的能源消费量在 1995~2004 年基本呈现增长的态势，2004~2005 年，第一产业能源消费量急剧下降，2005 年

之后基本保持稳定的态势。1995 年第一产业能源消费为 77.12 亿元，2004
年第一产业能源消费为 108.35 万吨标准煤，2015 年第一产业能源消费为
69.99 万吨标准煤。2015 年能源消费相对于 2004 年下降了 38.36 万吨标
准煤。

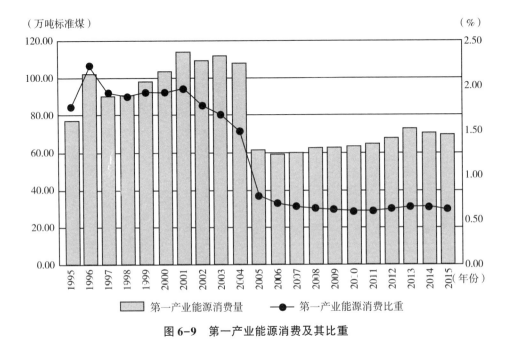

图 6-9　第一产业能源消费及其比重

　　第一产业的能耗强度如图 6-10 所示，第一产业的能耗强度在 2004 年有
较大的转变。在 2004 年以前，1995～2004 年的平均能耗强度为 1.35 吨标准
煤/万元，而 2005～2015 年的平均能耗强度为 0.587 吨标准煤/万元，相比前
10 年下降了 0.763 吨标准煤/万元。

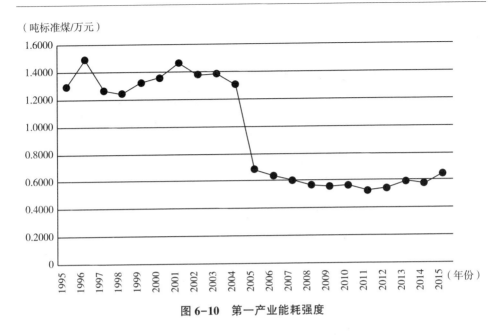

（吨标准煤/万元）

图 6-10　第一产业能耗强度

第六节　上海第二产业能源消费及其结构

如图 6-11 所示，第二产业能源消费增加值近 20 年来一直保持逐年增长的态势，其中工业增加值与第二产业增加值的增长趋势基本一致，从 1995 年到 2015 年逐年增长。1995 年的第二产业工业增加值为 1419.68 亿元，2015 年为 7989.26 亿元，相比 1995 年增长了 6569.58 亿元；工业增加值 1995 年为 1307.20 亿元，2015 年为 7135.06 亿元，相比 1995 年增加了 5827.86 亿元。从两者占 GDP 的比重看，第二产业产值占 GDP 比重与工业增加值占 GDP 比重基本走势也保持一致。第二产业产值占 GDP 比重从 1995 年的 56.8%下降到 2015 年的 31.8%，下降了 25%；工业增加值占 GDP 比重从 1995 年的 52.3%下降到 2015 年的 28.4%，下降了 23.9%。

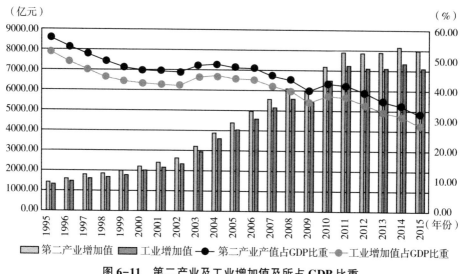

图 6-11　第二产业及工业增加值及所占 GDP 比重

　　工业产能增加值呈现逐年下降的趋势，1995 年的工业产值能耗为 2.52 吨标准煤/万元，2015 年工业产值能耗下降至 0.84 吨标准煤/万元，20 年间，总共下降了 1.68 吨标准煤/万元，下降程度为 1995 年工业产值能耗的 2 倍，如图 6-12 所示。

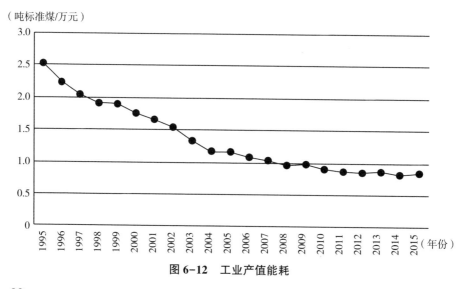

图 6-12　工业产值能耗

第七节 上海第三产业能源消费结构

上海第三产业能源消费增加值在 1995~2015 年有十分明显的上升。第三产业增加值由 1995 年的 1020.20 亿元上升至 2015 年的 17022.63 亿元，上升倍数为 15.68 倍。第三产业的能源消费比例的提升反映了第三产业的逐步发展和完善。从图 6-13 中我们还可以看出，第三产业占 GDP 的比重也基本保持逐年增长的态势，1995 年第三产业占 GDP 的比重为 40.82%，2015 年为 67.76%。相比 1995 年增长了 0.659 倍。"十五"期间第三产业占 GDP 的比重平均为 51.71%、"十一五"期间第三产业占 GDP 的比重平均为 55.85%、"十二五"期间第三产业占 GDP 的比重平均为 62.85%。"十二五"期间第三产业占 GDP 的比重比"十五"期间第三产业占 GDP 的比重增长了 11.14%。

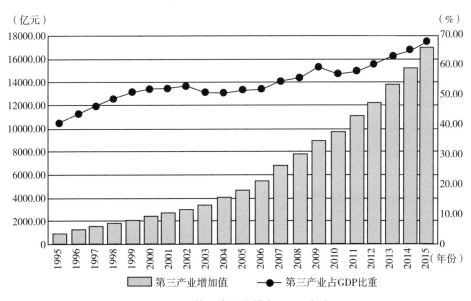

图 6-13　第三产业及其占 GDP 比重

从图 6-14 可以看出,上海地区第三产业能源消耗量与第三产业能源消耗占比均呈现上升趋势。1995 年第三产业能源消费总量为 517.06 万吨标准煤,第三产业产值占 GDP 的 11.77%,2015 年第三产业能源消耗量增加至 4012.19 万吨标准煤,第三产业产值占 GDP 的比重增加至 35.23%。

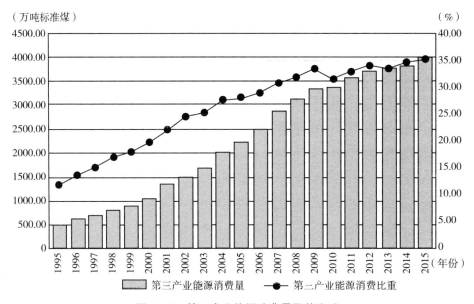

图 6-14　第三产业能源消费量及其比重

上海第三产业能耗强度如图 6-15 所示,除了 2000~2003 年能耗强度呈现短暂上升外,总体来说,基本呈现下降趋势。自 2004 年后呈现明显的下降趋势,2004 年能耗强度约为 0.4927 吨标准煤/万元,2015 年能耗强度下降至 0.2357 吨标准煤/万元。

就上海三次产业能耗强度比较看,如图 6-16 所示,产业综合能耗强度呈现逐年下降趋势,自 1995 年开始逐年缓慢下降。就三大产业各自比较来看,第二产业能耗强度始终高于第一、第三产业能耗强度,近年来所有能耗强度均呈现下降趋势,且第二产业下降趋势最为显著。

（吨标准煤/万元）

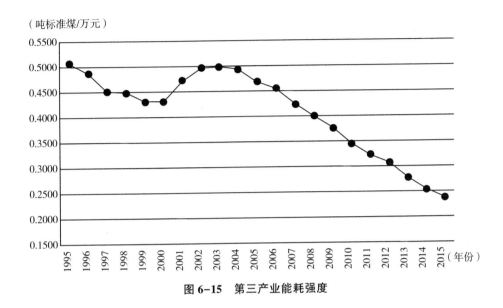

图 6-15　第三产业能耗强度

（吨标准煤/万元）

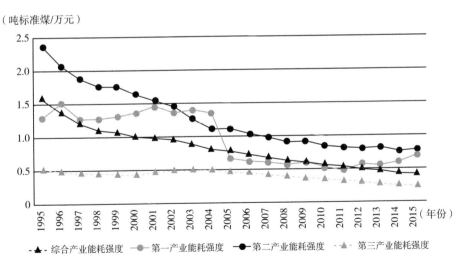

图 6-16　三次产业综合能耗强度

第八节　上海生活能源消费及其结构

上海常住人口总数一直呈现逐年上升趋势，但就人口增长率来看，2010年以前基本保持逐年增加的状态，但2010年后增长率逐年下降，2015年甚至减为负数。如图6-17所示。1995年，上海常住人口约为1414万人；2005年，常住人口约为1890.26万人，人口增长率为3.01%；2015年，常住人口约为2415.27万人，人口增长率为-0.429%。

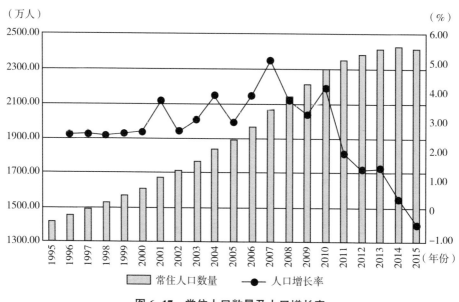

图6-17　常住人口数量及人口增长率

上海人口中，农村人口自2005年之后基本保持不变，城镇人口大体呈现上升趋势，城镇化率较为平稳，2014年后城镇化率甚至呈现下降趋势，总的来说，上海城镇化率一直处于较高的水平，如图6-18所示。2005年，上海农村人口为 299.27 万人，城镇人口为 1684 万人，城镇化率为 89.09%。截至 2015 年，城镇人口上升至 2116 万人，农村人口下降至 206.26 万人，城镇化率提高至 87.61%。

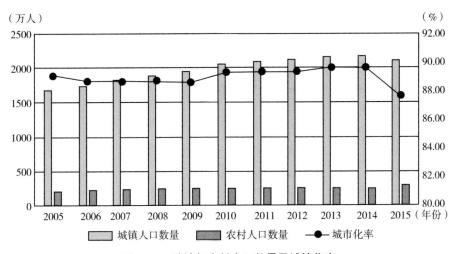

图 6-18　城镇与农村人口数量及城镇化率

上海生活能源消费总量逐年上升，如图 6-19 所示。其中，1995 年为 316.51 万吨标准煤，2005 年为 639.26 万吨标准煤，2015 年为 1224.03 万吨标准煤，1995~2015 年年均增长 7.11%。

上海农村与城镇生活能源消费占比如图 6-20 所示，城镇生活能源消费占比总体呈现上升趋势，农村生活能源占比呈现下降趋势，且 2005 年城镇生活能源占比与农村生活能源占比基本保持平稳增长的态势。2005 年，城镇生活能源消费量为 549.18 万吨标准煤，占比为 85.91%，农村生活能源消费量为 90.08 万吨标准煤，占比为 14.09%。截至 2015 年，城镇生活能源消费量为 1072.69 万吨标准煤，占比为 87.64%，农村生活能源消费量为 151.34 万吨标准煤，占比为 12.36%。

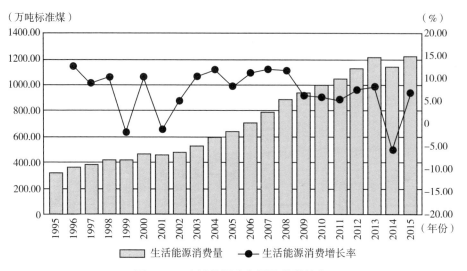

图 6-19 生活能源消费量及其增长率

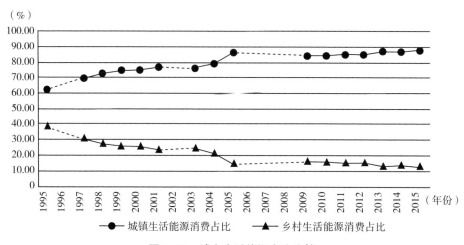

图 6-20 城乡生活能源占比比较

　　上海全部人口人均生活能源消费量、城乡人均生活能源消费量均呈现上升趋势，如图 6-21 所示。自 2005 年之后，乡村人均能源消费量一直超过城镇人均能源消费量。2015 年，全部人均生活能源消费为 0.5069 吨/人、城镇为 0.5068 吨/人，农村为 0.5057 吨/人。

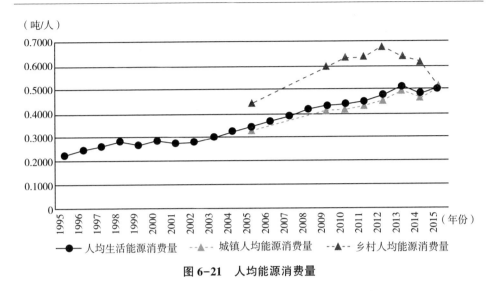

图 6-21 人均能源消费量

第九节 上海碳排放的规律和趋势

上海经济发展重心已经由原来高度依赖第二产业能源的消耗逐步向第三产业转移。但第二产业依然占据经济发展的重头。产业的发展对能源消耗产生的压力以及对周围环境产生的压力越来越大，但上海碳排放强度及工业碳排放强度在近 20 年间呈现递减趋势，实现了一定程度的低碳发展。其排放规律为：

（1）碳排放总量呈逐年上升趋势，在近几年中，基本保持平稳发展，碳排放强度有所下降。

（2）第三产业占 GDP 排放总量的比例逐步提高，第三产业碳排放强度逐年递减。

（3）碳排放主要来自原煤消费。但从上海的能源消费结构看，长期以来，能源消费以煤炭为主，但从 2007 年起，煤炭消费的比重开始大规模降低，天然气的比重逐年提高，2015 年天然气消耗比重提升至 34.26%。清洁能源在能源消费结构中的比例逐渐提高。

第七章 重庆市碳排放现状分析

第一节 重庆社会经济发展概况

重庆现已成为我国重要的中心城市之一，是长江中上游地区经济和金融中心，是内陆出口商品加工基地和扩大对外开放的先行区，是我国重要的现代制造业基地。其既是长江上游科研成果产业化基地，又是长江上游生态文明示范区。重庆还是中西部地区发展循环经济的示范区，国家高技术产业基地以及长江上游航运中心。

重庆自直辖以来，借助直辖以及三峡工程建设、西部大开发三大历史性机遇，依靠"一圈两翼"战略，以一小时经济圈为核心，大力调整地区经济结构，积极扩大开放，深化体制改革，加快基础设施建设，使得经济社会发展成就显著。近年来，重庆积极开展产业结构调整并取得了显著的成效，老工业基地在政策引导下显得充满生机与活力，当地现代服务业得到了大力发展，农业农村发展水平得到大幅度提升。城市基础建设力度大，城市化水平及城市化率逐年提高。总体来说，重庆地区近年来的社会经济得到了全面发展，且发展迅速，地区综合实力正日渐增强。

近20年来，重庆地区经济飞速增长，如图7-1所示。1997年重庆直辖时，地区生产总值仅为 1509.75 亿元，2016 年全市实现地区生产总值 17558.76 亿元，按可比价格计算，比上年增长 10.7%。2016 年地区生产总值是 1997 年的 11.63 倍。近 20 年来，重庆地区生产总值的平均增长率约为 14%，且近 5 年增长速度逐渐放缓，与国家总体情况相似。2016 年，重庆地区人均 GDP 达到 57902 元，增长 9.6%。

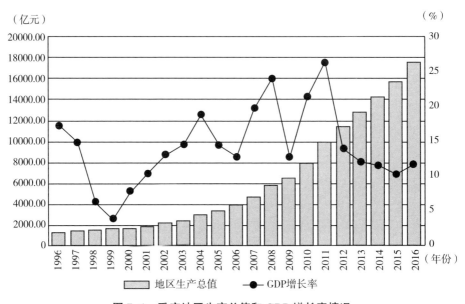

图 7-1　重庆地区生产总值和 GDP 增长率情况

重庆分产业的发展情况如图 7-2 所示，2016 年，第一产业增加值为 1303.24 亿元，增长 4.6%；第二产业增加值为 7755.16 亿元，增长 11.3%；第三产业增加值为 8500.36 亿元，增长 11.0%。总体看，重庆地区第一产业的增加值明显小于第二、第三产业的增加值，且在 2013 年，第三产业增加值首次超过了第二产业增加值，且在之后几年均保持第三产业增加值大于第二产业增加值的情况，这表明了重庆地区经济水平、工业化程度已达到了一定的高度，且在未来的发展中第三产业的发展将是地区产业结构升级的重点。

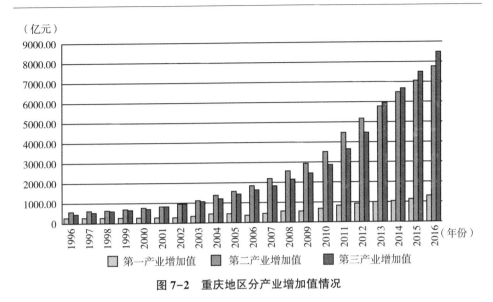

图7-2　重庆地区分产业增加值情况

第二节　重庆综合能源消费的碳排放总量

重庆地区综合能源消费的二氧化碳排放总量一直呈现上升趋势，但其碳排放速度自2010年后基本呈下降趋势，如图7-3所示。1997年直辖时综合能源消费的二氧化碳排放总量为4994.12万吨，2007年以后，综合能源的二氧化碳排放总量均超过10000万吨，2015年，综合能源消费的二氧化碳排放总量达到了19847.62万吨，约为1997年的3.97倍。"十五"期间碳排放的平均增长速度为7.93%，"十一五"期间碳排放的平均增长率约为10.57%，在"十二五"期间碳排放的平均增长率约为6.80%，"十二五"期间碳排放的增长速度相比"十一五"期间有大幅度的下降。

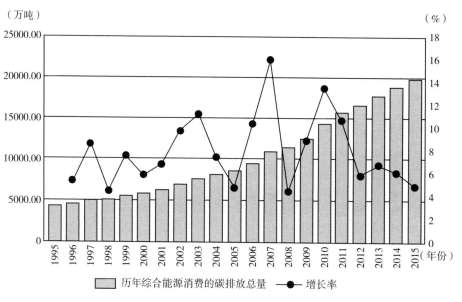

图7-3 重庆综合能源消费二氧化碳排放量及增长率

第三节 重庆二氧化碳排放强度现状

重庆地区经济增长与能源消耗增长有较强的相关性，如图7-4所示。碳排放强度呈现总体下降的趋势，如图7-5所示。1997年直辖时，碳排放强度约为3.31吨/万元，2015年碳排放强度下降到了1.26吨/万元。2001~2005年，平均碳排放强度约为2.91吨/万元，2006~2010年平均碳排放强度约为2.11吨/万元，2011~2015年，平均碳排放强度约为1.41吨/万元，在三个五年期间有明显的下降趋势。由此可见，重庆地区经济增长同碳排放的关联性逐渐变弱，其经济发展的模式正走向低碳增长的轨道。

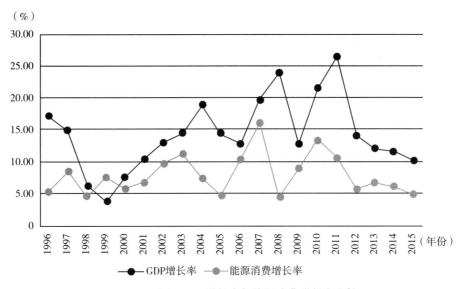

图7-4　重庆 GDP 增长率与能源消费增长率比较

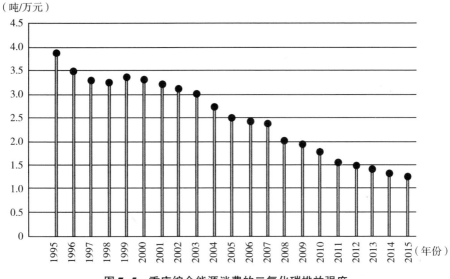

图7-5　重庆综合能源消费的二氧化碳排放强度

第四节　重庆能源消费结构现状

重庆地区能源消费结构和各能源消费占比情况分别如图7-6和图7-7所示。在重庆历年的能源消耗中，煤炭的消耗量占了绝大多数，1997年直辖时，重庆煤炭的消耗量占总消耗量的68%，到"十二五"期间，重庆煤炭的消耗量基本维持在总量的60%左右，其占比有下降的趋势。天然气占比稳定，基本维持在总量的13%左右。油料和电力的占比有逐渐上升的趋势，1997年直辖时，油料约占总体能源消耗量的7.17%，电力约占总体能源消耗量的10.73%，截至2015年，油料占比增加至约14.43%，电力占比增加至约13.32%。总体看，在重庆历年的能源消费结构中，煤炭占比有下降趋势，天然气占比保持稳定，油料和电力的占比有上升趋势。

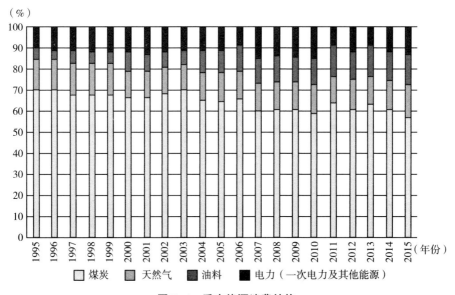

图7-6　重庆能源消费结构

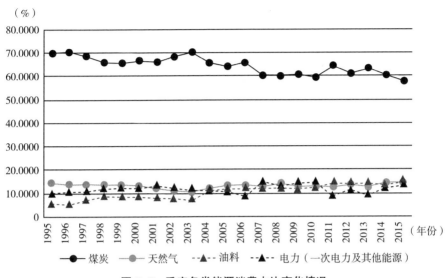

图 7-7 重庆各类能源消费占比变化情况

第五节 重庆终端能源消费结构

重庆地区产业能耗占比与工业能耗占比如图 7-8 所示，总体看，产业能耗约占能耗总量的 90%，生活能耗仅占能耗总量的 10% 左右。重庆地区三次产业能源消费占产业能源消费比例如图 7-9 所示，第一产业能源消耗占比有下降趋势，1997 年直辖时，第一产业能源消耗约占产业能源消耗的 8.13%，2015 年仅占到约 1.41%。第二产业的能源消耗量一直占产业能源消耗量的绝大多数，但总体占比有下降的趋势。1997 年直辖时，第二产业能源消耗约占产业能源消耗的 86.20%，到 2015 年下降至约 78.71%。第三产业的能源消耗量占比基本呈现出逐渐上升的趋势，1997 年直辖时，第三产业能源消耗仅约占产业能源消耗的 5.85%，2015 年上升至 19.87%。

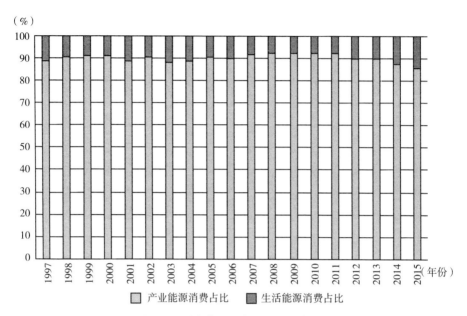

图 7-8　重庆产业耗能和生活耗能占比

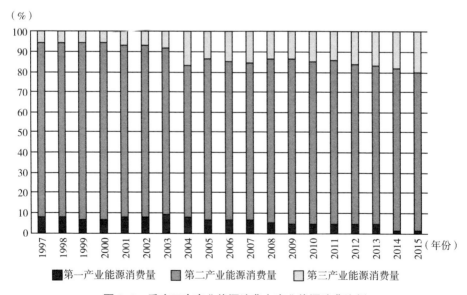

图 7-9　重庆三次产业能源消费占产业能源消费比例

第六节　重庆第一产业能源消费

重庆地区第一产业增加值与第一产业占 GDP 的比重如图 7-10 所示，第一产业增加值呈明显的上升趋势，1997 年第一产业增加值仅为 307.21 亿元，2015 年第一产业增加值达到 1150.15 亿元。但第一产业增加值占 GDP 的比重呈现明显的下降趋势，1997 年第一产业增加值占 GDP 的比重约为 20.35%，2015 年第一产业增加值占 GDP 的比重下降至约 7.32%。

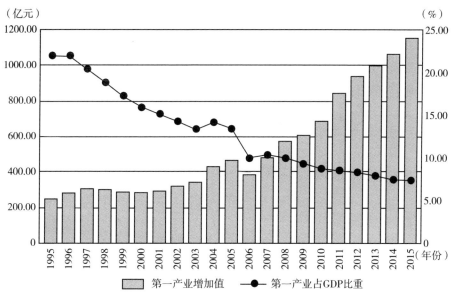

图 7-10　重庆第一产业增加值及其占 GDP 比重

第一产业能源消费及其占比如图 7-11 所示，第一产业能源消费量在 2013 年以前一直呈现上升趋势，2014 年开始大幅度下降。第一产业能源消费占比一直呈下降趋势，且在 2014 年有大幅度下降。1997 年，第一产业能源消费量约为 145.87 万吨标准煤，2013 年第一产业能源消费量增加至 325.61 亿元，2014 年与 2015 年的第一产业能源消费量分别为 79.96 万吨标准煤与 83.65 万吨标准煤。

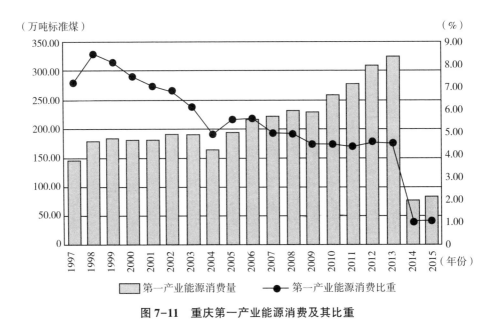

图 7-11　重庆第一产业能源消费及其比重

重庆第一产业能耗强度如图 7-12 所示，第一产业能耗强度总体呈现下降趋势，且在 2014 年出现了大幅度的下降，2014 年与 2015 年的能耗强度均为 0.075 吨标准煤/万元。

（吨标准煤/万元）

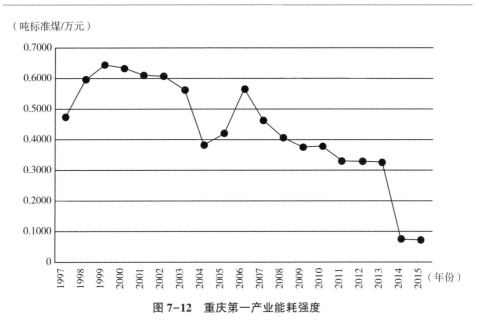

图 7-12 重庆第一产业能耗强度

第七节 重庆第二产业能源消费及其结构

1995～2005 年，重庆地区第二产业增加值和工业增加值均呈现上升趋势，两者占 GDP 的比重总体均较为稳定，但 2006 年后两者都呈现出缓慢的下降趋势，如图 7-13 所示。1997 年，重庆第二产业增加值仅为 650.40 亿元，工业增加值为 567.88 亿元；2005 年，第二产业增加值达到 1564.00 亿元，工业增加值达到 1291.81 亿元；2015 年，第二产业增加值达到 7069.37 亿元，工业增加值达到 5557.52 亿元，第二产业增加值是 1997 年的 10.86 倍，是 2005 年的 4.52 倍，工业增加值是 1997 年的 9.79 倍，是 2005 年的 4.30 倍。第二产业增加值占 GDP 的比重在 2006 年最高为 47.90%，之后占比缓慢下降，2015 年为 44.98%，工业增加值占 GDP 的比重 2006 年为

40.10%，2015 年下降至 35.36%。重庆地区工业占第二产业的比重呈现出下降趋势，1997 年工业增加值占第二产业比重为 88.54%，2015 年工业增加值占第二产业增加值比重下降至 78.61%。

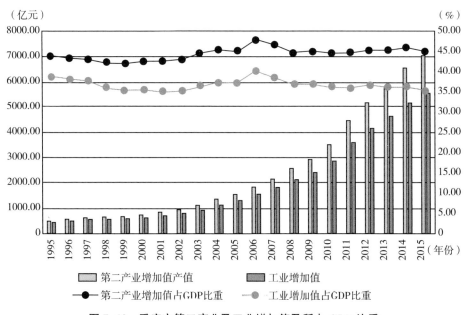

图 7-13　重庆市第二产业及工业增加值及所占 GDP 比重

近 20 年来，重庆工业产值能耗呈现下降趋势，如图 7-14 所示。重庆工业产值能耗，1997 年直辖时为 1.32 吨标准煤/万元，1998 年约为 1.54 吨标准煤/万元，2014 年、2015 年分别下降至 0.21 吨标准煤/万元和 0.18 吨标准煤/万元。

重庆地区各工业行业的产值能耗强度近 10 年来均呈现下降趋势。其中，能源工业的产值能耗最高，2005 年为 2.54 吨标准煤/万元，0.80 吨标准煤/万元。材料工业、化工工业和采矿业产值能耗较高，2015 年分别为 0.47 吨标准煤/万元、0.50 吨标准煤/万元和 0.42 吨标准煤/万元。汽车和装备制造业、消费品制造业、电子信息业和其他工业的产值能耗较低，2015 年分

（吨标准煤/万元）

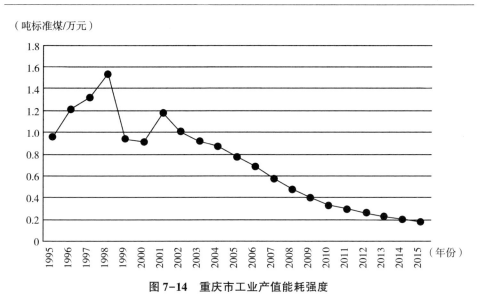

图7-14　重庆市工业产值能耗强度

别为 0.02 吨标准煤/万元、0.001 吨标准煤/万元、0.01 吨标准煤/万元和
0.04 吨标准煤/万元，如图 7-15 所示。

（吨标准煤/万元）

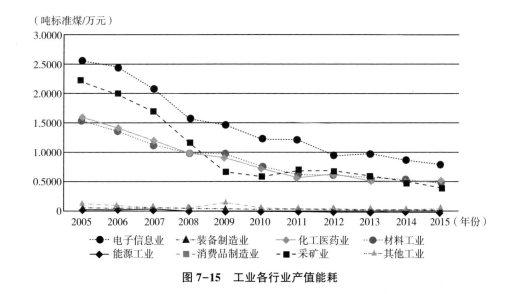

图7-15　工业各行业产值能耗

从工业耗能结构看，材料工业能源消耗占比逐步增加，从 2000 年的 27.01% 增加到 2015 年的 37.56%。化工医药业能源消耗占比 2000 年、2005 年、2010 年、2015 年分别为 36.50%、22.97%、22.07%、25.88%。能源工业能耗占比从 2005 年的 25.97% 下降到 2015 年的 19.33%。能源、化工、材料和采矿四大工业耗能占比从 92.87% 下降到 88.85%，如图 7-16 所示。

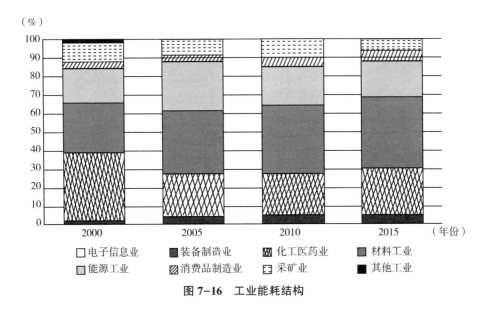

图 7-16 工业能耗结构

工业行业结构显示，2000 年工业主要行业为装备制造、材料、化工和消费品工业，2015 年，工业主要行业演化为装备制造、电子信息、材料、消费品和化工五大行业。电子信息业上升势头迅猛，其产值占比 2000 年为 3.77%，2015 年上升至 16.31%，而能源、化工、材料和采矿四大高耗能行业的产值比例 2000 年为 37.67%，2014 年时下降到 31.69%，如图 7-17 所示。

综合考虑工业各行业能源消费占比与产值占比，电子信息工业、装备制造业、消费品工业和其他工业的能源消费占比与产值占比的比值在 1 以下，表明其 1% 的能耗占比创造了大于 1% 的产值。而能源工业、采矿业、化工

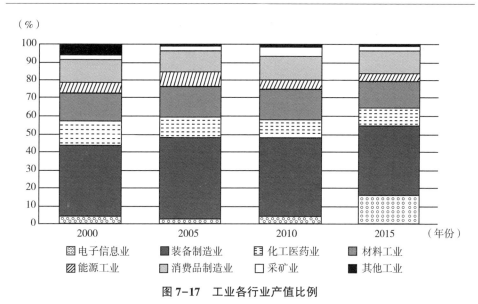

图 7-17 工业各行业产值比例

工业和材料工业的能源消耗占比与产值占比之比大于 1，说明其 1%的能耗占比创造的产值小于 1%的比例，如图 7-18 所示。

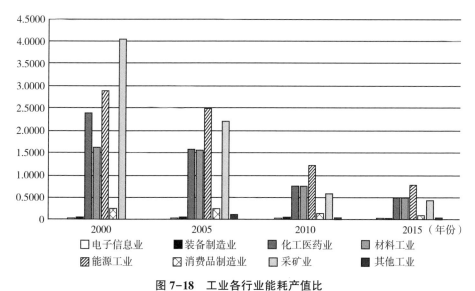

图 7-18 工业各行业能耗产值比

其中，能源工业产值占比较低，而其能源消费占比较高，2015 年，能源工业产值占比仅为 4.49%，但其能源消费占比达到 19.33%，如图 7-19 所示。

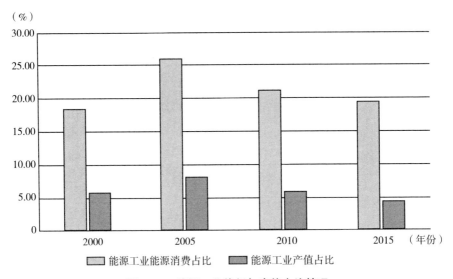

图 7-19 能源工业能耗与产值占比情况

2015 年，化工医药业产值占比为 9.60%，但其能源消费占比为 25.88%。并且，其产值比例呈下降趋势，但能源消费呈现上升趋势，如图 7-20 所示。

2015 年，材料工业产值占比为 14.92%，但其能源消费占比为 37.56%，并且，材料工业产值占比发展较为平稳，其能源消费也较为平稳，如图 7-21 所示。

采矿业在工业中规模较小，其产值占比 2015 年为 2.68%，其能源消费占比也较低，为 6.08%，如图 7-22 所示。

（％）

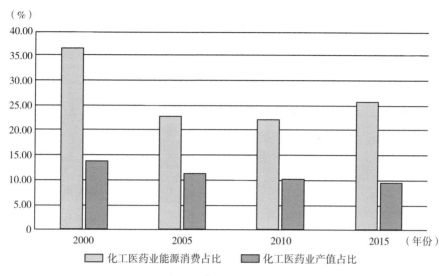

图7-20 化工医药业能耗与产值占比情况

（％）

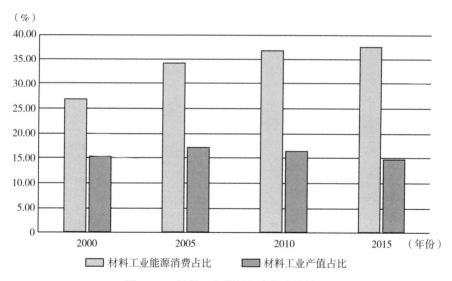

图7-21 材料工业能耗与产值占比情况

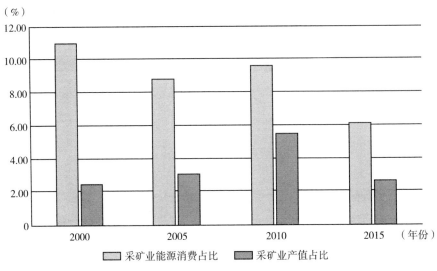

图 7-22 采矿业能耗与产值占比情况

第八节 重庆第三产业能源消费结构

重庆地区第三产业增加值逐年上升，如图 7-23 所示，第三产业增加值在 1997 年仅为 552.14 亿元，2010 年约为 3709.1 亿元，2015 年增加至 7497.75 亿元，2015 年第三产业的增加值约为 1997 年的 13.58 倍，约为 2010 年的 1.94 倍，其上升趋势明显。第三产业产值占 GDP 的比重呈现缓慢的上升趋势，在"十二五"期间，其占比基本维持在 14% 左右，如图 7-23 所示。

重庆地区第三产业能源消费量与第三产业能源消费占比均呈现上升趋势，如图 7-24 所示。1997 年第三产业能源消费总量为 105.00 万吨标准煤，第三产业产值占 GDP 的 5.17%，2015 年第三产业能源消费量增加至 1176.47 万吨标准煤，第三产业产值占 GDP 的比重增加至 14.58%。第三产业能耗强度如

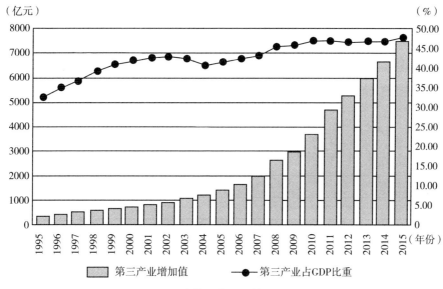

图 7-23 重庆第三产业及其占 GDP 比重

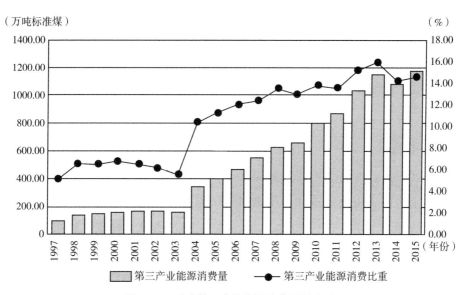

图 7-24 重庆第三产业能源消费及其比重

图 7-25 所示, 自 2004 年后呈现明显的下降趋势, 2004 年的能耗强度约为 0.2857 吨标准煤/万元, 2015 年的能耗强度下降至 0.1569 吨标准煤/万元。

（吨标准煤/万元）

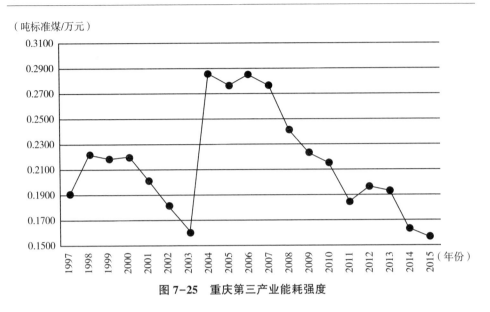

图 7-25　重庆第三产业能耗强度

重庆三次产业能耗强度比较如图 7-26 所示，产业综合能耗强度总体呈现下降趋势，自 2005 年开始保持逐年缓慢下降。第一、第三产业能耗强度远低于第二产业能耗强度，近年来所有能耗强度均呈现下降趋势，且第二产业下降趋势最为显著。

（吨标准煤/万元）

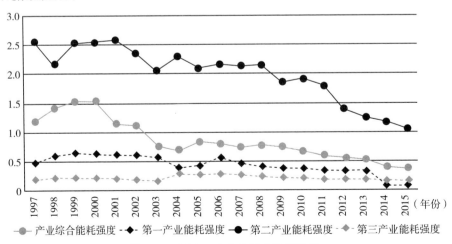

 产业综合能耗强度　- ◆ - 第一产业能耗强度　—●— 第二产业能耗强度　- ◆ - 第三产业能耗强度

图 7-26　重庆三次产业综合能耗强度

第九节　重庆生活能源消费及其结构

重庆人口自 2004 年后开始呈现上升趋势，如图 7-27 所示。2005 年，重庆常住人口约为 2798 万人，人口增长率为 0.17%；2010 年，常住人口约为 2884.62 万人，人口增长率为 0.90%；2015 年，常住人口约为 3016.55 万人，人口增长率为 0.84%，近 10 年来的人口增长率约为 0.70%。

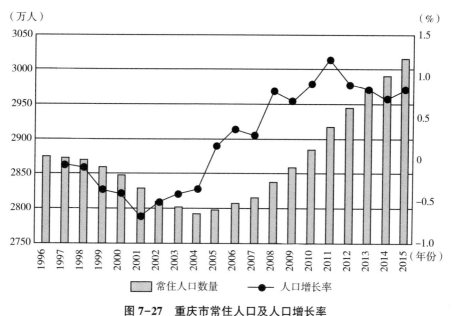

图 7-27　重庆市常住人口及人口增长率

重庆人口中，农村人口一直呈现下降趋势，城镇人口呈现上升趋势，城镇化率逐年提升，如图 7-28 所示。1997 年，重庆直辖时，农村人口为 1982.62 万人，城镇人口为 890.74 万人，城镇化率为 31.00%。2008 年，城镇人口与农村人口基本持平，之后城镇人口数超过农村人口数。2015 年，城镇人口上升至

1838.41 万人，农村人口下降至 1178.14 万人，城镇化率提高至 60.94%。

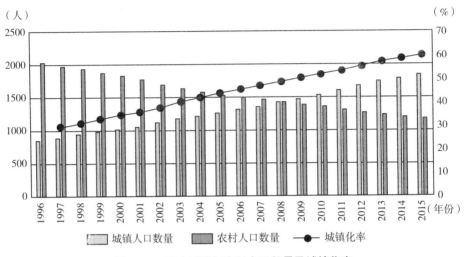

图 7-28　重庆城镇与农村人口数量及城镇化率

重庆生活能源消费逐年上升，如图 7-29 所示。2000～2015 年均增长

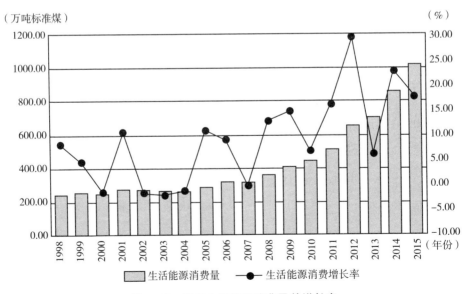

图 7-29　重庆生活能源消费及其增长率

10.04%，其中，2000 年为 253.60 万吨标准煤，2005 年为 295.40 万吨标准煤，2010 年为 442.77 万吨标准煤，2015 年为 1015.31 万吨标准煤。

重庆农村与城镇生活能源消费占比如图 7-30 所示，城镇生活能源消费占比总体呈现上升趋势，农村生活能源占比呈现下降趋势，且在 2005 年城镇生活能源占比首次超过农村生活能源占比。2013 年后，城镇生活能源消费占比有所下降，农村生活能源占比有所上升。2015 年，城镇生活能源消费量为 536.38 万吨标准煤，占比为 52.83%，农村生活能源消费量为 478.93 万吨标准煤，占比为 47.17%。

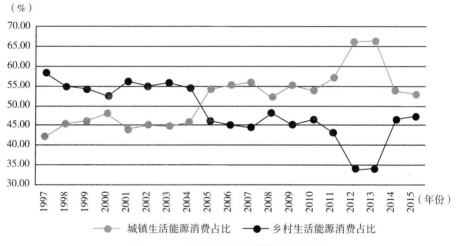

图 7-30 重庆城乡生活能源占比比较

重庆全部人口人均生活能源消费量、城乡人均生活能源消费量均呈现上升趋势，如图 7-31 所示。2015 年，全部人均生活能源消费为 0.3366 吨/人、城镇为 0.4065 吨/人，农村为 0.3008 吨/人。在"十二五"期间，人均能源消费量上升趋势明显，且乡村人均能源消费量 2013 年后超过城镇人均能源消费量。

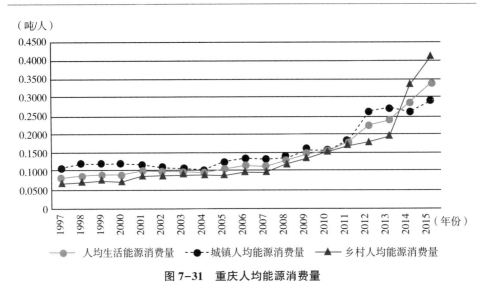

图 7-31　重庆人均能源消费量

第十节　重庆碳排放的规律和趋势

重庆在发展经济社会的同时，碳排放总量及工业碳排放量都有所提高，对周围环境产生的压力越来越大，但重庆碳排放强度及工业碳排放强度在13年间呈现递减趋势，实现了一定程度的低碳发展。其排放规律为：

（1）碳排放总量呈逐年上升趋势，碳排放强度有所下降。

（2）工业碳排放量占比大，但工业碳排放强度逐年递减。重庆工业碳排放量与重庆碳排放量呈现相同发展趋势，均呈现逐年提高的趋势。

（3）碳排放主要来自原煤消费。从重庆的能源消费结构来看，长期以来，能源消费以煤炭为主，平均占70.2%。1996年起，虽然煤炭消费的比重有所降低，但仍保持在60%以上。自2002年以来，煤炭在能源消费中的比重又呈增长的趋势，在70%附近徘徊。伴随重庆经济发展水平的提高，私家车数量增多，石油消耗量增加。较之北京和上海，重庆石油的消费比例相对较低，但整体仍表现出在波动中逐步上升的态势。

（4）从产业结构来看，工业是碳排放大户。特别地，煤炭开采和洗选业，电力、热力的生产和供应业，石油加工业，炼焦及核燃料加工业，化学工业，非金属矿物制品业等产业部门 2010 年碳排放量均超过 100 万吨，属于高碳产业。第三产业中，交通运输、仓储和邮政业及生活消费部门等碳排量较高。

第八章 四大直辖市历史碳排放比较分析

第一节 综合对比分析

一、京津沪渝城市化率对比分析

随着我国城镇化进程的不断推进，农村人口不断向城市聚集，小城市人口不断向大城市迁移，尤其是北京、上海等大城市。城市人口的增加必然会增加能源消耗量，进一步影响城市碳排放量，因此城市化率是影响碳排放的一个重要因素。图 8-1 显示，上海、北京、重庆的城市化率逐年上升，重庆上升幅度较大，上海、北京较为缓和，天津地区个别年份有下降的趋势，但总体呈现上升的趋势。2015 年，北京、天津、重庆、上海的城市化率分别为 86.5%、87.61%、82.6% 和 60.9%，所以重庆地区的城市化率和其他 3个城市尚有差距。

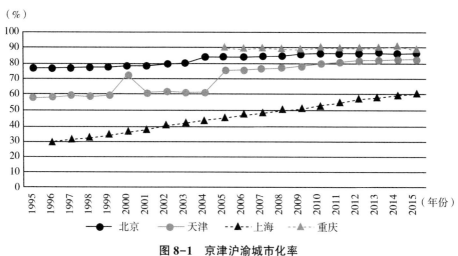

图8-1 京津沪渝城市化率

二、京津沪渝产业结构情况

产业结构的优化升级有利于降低能源消耗、减少温室气体的排放。图8-2、图8-3、图8-4是1995~2015年四大直辖市的三大产业结构变动情况。重

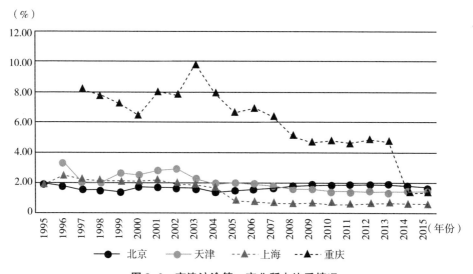

图8-2 京津沪渝第一产业所占比重情况

庆的第一产业占比明显高于其他 3 个地区，波动幅度较大，且北京、天津、上海的第一产业占比较为稳定，且徘徊在比较低的水平。1997 年，重庆GDP 中第一产业的比重为 8.13%，到 2015 年降至 1.41%，下降幅度较大，北京、天津、上海分别由 1996 年的 1.83%、3.34%、2.54%降至 2015 年的1.69%、1.49%、0.68%。

1995~2015 年，北京的第二产业所占比重逐步下降，上海、重庆的第二产业比重在波动中呈现下降，天津的第二产业则在波动中上升。2015 年，北京、上海、天津、重庆的第二产业比重分别为 32.17%、60.47%、71.76%、78.71%（见图 8-3），与 1997 年相比，北京第二产业比重降低了53.01%，上海、天津和重庆分别降低 19.96%、5.76%和 7.31%。

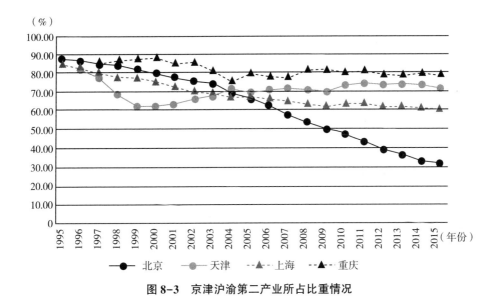

图8-3　京津沪渝第二产业所占比重情况

1995~2015 年，北京、上海的第三产业比重逐步上升，重庆、天津第三产业比重稳步上升。2015 年，北京、上海、天津和重庆 GDP 中第三产业的比重分别为 66.14%、38.86%、12.71%和 19.87%（见图 8-4），与 1997 年相比，第三产业占比，北京、上海、天津、重庆分别增长了 52.9%、

21.49%、2.06%和14.02%，显然天津第三产业比重变化趋势不大，北京第三产业比重变化最大。

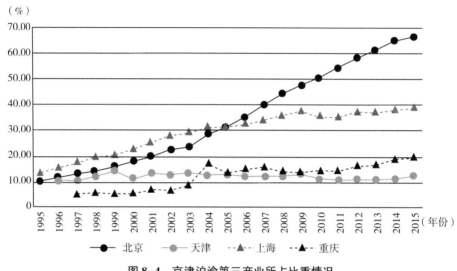

图8-4 京津沪渝第三产业所占比重情况

综合京津沪渝四大直辖市的三大产业占比，可以看出北京产业结构调整成效显著，第一、第二产业比重不断下降，第三产业比重不断增长；天津、上海的第一、第二产业比重逐步下降，第三产业比重不断上升，重庆经济发展相对落后，产业结构有待进一步合理化和高级化，第一、第三产业比重在降低，第二产业比重则在增长，尤其是工业比重增长较大。工业是第二产业的重要组成部分，也是经济发展中的能源消耗大户，第三产业则发展较为清洁，所以，促进第三产业发展的同时减少第二产业的比重有助于节能减碳，加快低碳发展。

三、京津沪渝人均 GDP 对比分析

人均 GDP 的增加必然会加大居民生活用能，如图 8-5 所示，1995~2015

年北京、天津、上海、重庆四大直辖市的人均 GDP 逐步上升，且势头猛进，
北京、天津、上海 3 个城市的发展不相上下，重庆相对落后，与其他 3 个城市
有些差距。2015 年，京、津、沪、渝人均 GDP 分别是 106497 元/人、107960
元/人、103795 元/人和 52321 元/人，与 1995 年相比，分别增加了 7.4%、
10%、4.8%和 12.3%。

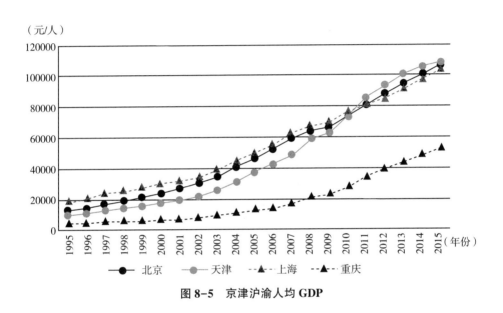

图 8-5 京津沪渝人均 GDP

四、京津沪渝二氧化碳排放总量分析

如图 8-6 所示，1995~2015 年，京、津、沪、渝四大城市的二氧化碳排放
总量呈上升趋势，北京的二氧化碳排放总量从 1995 年的 8691.92 吨上升到
2015 年的 16857.40 吨，同比上升 93.9%。天津的碳排放总量从 1996 年的
6150.54 吨上升到 2015 年的 20319.92 吨，同比上升 230%。上海的碳排放总量从
1995 年的 10805.5 吨上升到 2015 年的 28013.1 吨，同比上升 159%。重庆的碳排
放总量从 1995 年的 4371.20 吨上升到 2015 年的 19847.62 吨，同比上升 354%。

（吨）

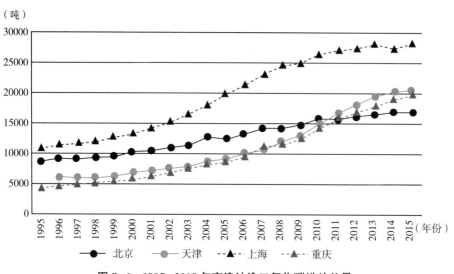

图 8-6　1995~2015 年京津沪渝二氧化碳排放总量

五、京津沪渝人均碳排放总量分析

四大直辖市的人均碳排放总量不尽相同，图 8-7 显示，近 20 年，四大

（吨/人）

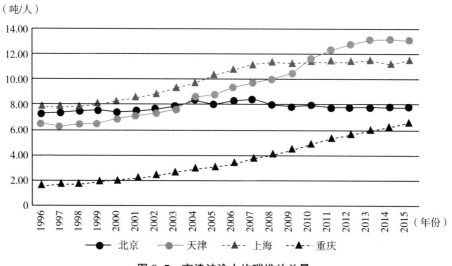

图 8-7　京津沪渝人均碳排放总量

直辖市的人均碳排放总量总体态势呈上升趋势，重庆人均碳排放总量逐年上升，上海、天津有波动的上升，北京变动幅度较小，稳步增长。人均碳排放总量和地区人口的数量有密切的关系，2015 年统计，重庆人口最多，上海次之，再次北京，最后是天津，所以碳排放总量趋势图和人均碳排放量走势略有不同。

六、京津沪渝每平方米碳排放总量分析

同样的四大直辖市每平方米碳排放总量如图 8-8 所示，近 20 年，上海、天津、重庆的每平方米碳排放总量总体呈上升趋势，北京则稳定之后略有下降，重庆、天津每平方米碳排放总量逐年上升，上海有波动的上升。每平方米碳排放总量和地区面积的大小有密切的关系，2015 年统计，重庆面积最大，北京次之，再次是天津，最后是上海，所以碳排放总量趋势图和每平方米碳排放量走势略有不同。

第二节　能源结构对比分析

从表 8-1 可以看出，在煤炭、天然气、油品和电力四种能源品种的使用上，北京、上海对于高碳能源品种煤炭的需求量逐年降低，天津、重庆是有波动的降低，其中北京以油品和电力为主，天津以电力和天然气为主，上海以煤炭、油料、电力为主，重庆以煤炭为主，其他三种能源的使用量相当。从总体上可以看出，北京能源结构不断优化，天然气优质能源的比重增加，2015 年，北京优质能源占能源消费总量的比例达到 86.3%；天津、上海、重庆能源消费结构变化不大，天津煤炭近 6 年在 21% 上下浮动，天然气近 6 年在 29% 上下浮动，液化石油气在 6% 上下浮动，电力在 40% 上下浮动，

表8-1 2010~2015年京津沪渝能源结构

单位：%

年份	北京				天津				上海				重庆			
	煤炭	天然气	油品	电力（一次电力及其他能源）	煤炭	天然气和煤气	液化石油气	电力	煤炭	天然气	油料	电力	煤炭	天然气	油料	电力
2010	29.60	14.60	30.90	24.90	23.92	28.94	5.83	41.26	45.45	7.73	25.70	21.13	59.44	12.95	12.76	14.85
2011	26.70	14.00	32.90	26.40	23.54	30.07	5.99	40.39	44.53	9.10	25.81	20.57	64.06	12.79	14.19	8.96
2012	25.20	17.10	31.60	26.10	23.10	29.91	5.46	41.53	41.28	10.87	27.15	20.70	61.08	13.88	13.74	11.30
2013	23.30	18.20	32.20	26.30	21.53	30.49	6.40	41.58	41.16	11.57	26.65	20.63	63.20	13.23	14.28	9.28
2014	20.40	21.10	32.60	25.90	21.66	30.39	6.69	41.26	37.28	12.28	29.17	21.27	60.33	14.20	13.44	12.03
2015	13.70	29.00	33.50	23.80	22.26	29.22	6.56	41.95	34.62	12.80	30.91	21.68	57.68	14.57	14.43	13.32

能源结构有提升的空间；上海煤炭近 6 年上下浮动较大，从 2010 年到 2015 年变动为 10.8%，2015 年，天然气、油品比 2010 年分别增加 4% 和 5.2%，电力在 20% 上下浮动，能源结构不断优化；重庆能源消费结构变化不大，重庆煤炭近 6 年在 60% 上下浮动，天然气在 13% 上下浮动，液化石油气在 13% 上下浮动，电力在 11% 上下浮动，能源结构亟待优化，加大优质清洁能源的使用。

第三节　工业碳排放情况对比分析

工业是第二产业的重要组成部分，同时也是能源消耗大户。随着国家低碳政策的推进，四大直辖市的工业产值能耗在近 20 年总体上呈现不断下降的趋势（见图 8-8），其中，北京、天津、上海的工业产值能耗逐年下降，重庆的产值能耗在 1995~1998 年有所上升，其余年份在波动中不断降低。

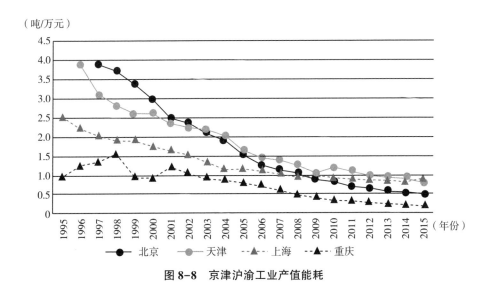

图 8-8　京津沪渝工业产值能耗

2015 年, 北京、天津、上海、重庆的工业产值能耗分别是 0.49 吨/万元、0.84 吨/万元、0.84 吨/万元和 0.19 吨/万元, 相比 1995 年, 北京下降幅度最大, 天津次之。

第四节　第三产业碳排放情况对比分析

随着全国推进节能减排措施, 北京、天津、上海、重庆的能源利用率不断地提高。从图 8-9 可以看出, 1995~2015 年, 北京的第三产业能耗强度呈现稳步下降的良好态势, 上海、重庆则表现出 "先降—再升—再降" 的趋势, 天津更特殊, 表现为 "上升—下降—上升—再下降" 的趋势, 与 1995 年相比, 北京、天津、上海、重庆的第三产业能耗强度分别降低了 77.5%、80%、52% 和 15.8%。

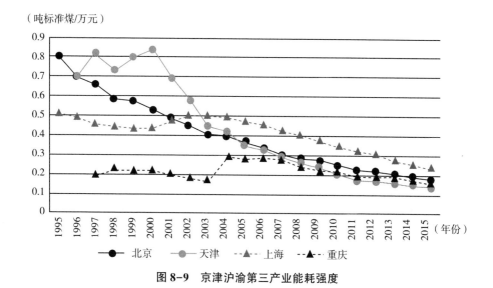

图 8-9　京津沪渝第三产业能耗强度

第五节　生活碳排放情况对比分析

　　根据经济社会发展的一般规律，随着经济的不断发展，人们生活水平的不断提高，居民生活能源消费必然趋于增加。图8-10显示，1995~2015年，北京、重庆的人均生活能源消费表现为不断上升的趋势，天津、上海的人均能源消费则在个别年份表现为下降的走势。总体上看，四大直辖市都呈现上涨的趋势，但明显的是，北京的生活能源消费整体上高于其他3个城市，说明北京作为我国的政治、经济、文化中心，经济发展迅速。

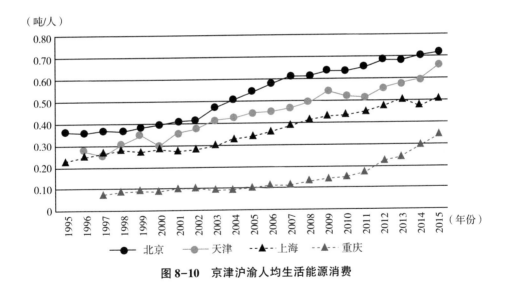

图8-10　京津沪渝人均生活能源消费

　　通过比较分析四大直辖市的能源结构、产业结构、人均收入、生活能源消耗等影响碳排放的因素，可以看出北京、上海、重庆的能源结构、产业结构有进一步优化的余地，使用天然气、水电、太阳能等清洁能源，促进低碳产业的发展。经济规模是影响区域碳排放的决定性因素，能源结构和技术进步对碳排放有负效应，因此重庆相比于其他 3 个城市正处于经济发展高速时期，碳排放量较大，北京、上海经济发展比较成熟。另外，城市经济发展过程中应该加大能源利用效率，大力发展新能源，引进先进的节能技术，增强减排技术支撑能力。通过四大直辖市的对比分析，更能有差别地提出不同区域的低碳发展路径，提供更加科学、有力的理论支撑。

第九章　四大直辖市碳减排路径分析

第一节　共同减排路径

四大直辖市虽然发展程度各异，工业化程度不一，但在节能减排路径的选择上有着或多或少的相似性，主要表现在能源结构调整、产业结构调整、大力发展低碳技术等方面。

一、能源结构调整

碳排放主要是由直接或间接的能源消费所引起的，能源种类不同，所产生的碳排放不同。因此，实现碳减排，必须以调整能源结构为重点。能源结构的调整要从使用清洁能源和提高能源利用率两方面着手。

（一）积极寻求新能源替代现有高碳能源

我国自古以来就习惯使用煤炭作为能源，因此四大直辖市大多数与电力及热力有关的生产制造仍然以煤炭作为主要能源。为了进一步减少煤炭的使用，应积极调整煤炭在火电燃料结构中的比例，降低火电在整个能源消费结构中的比例。北京自 2008 年开始已经由以煤为主转变为以油为主，石油、天然气和清洁能源的消费比例不断增长，朝着良性的方向发展。上海煤和油消费的比重基本持平。天津和重庆的能源消费种类中，煤炭仍是最主要的消费资源。因此，四大直辖市都在积极探索新能源，纷纷因地制宜采用新能源替代传统高碳能源，比如天津凭借丰富的地热资源，大力开发浅层地热替代传统能源为建筑制热或者制冷。重庆依靠水利优势，大力开发水电资源，以减少碳排放量。北京、上海纷纷着眼于光伏发电，以太阳能资源部分替代传统资源。

表 9-1　四大直辖市的替代新能源

	替代新能源种类
北京	太阳能、天然气、地热
上海	太阳能、风能
天津	地热
重庆	水力、风能

（二）技术改革提高现有化石能源利用率

能源结构调整是一个漫长的过程。我国仍旧处在重工业化时期，当前钢铁、石化等行业的能源消费量占工业能源消费总量逾 70%，占一次能源消费量的比重超过 50%。并且，现有的能源工业体系，包括一次能源资源开采体系、电力生产体系、石油天然气管线和电网等能源输送体系，铁路、汽车、火车、轮船、飞机等运输体系，以及居民生活用能体系，都建立于高碳常规能源基础之上，并由此形成了庞大的资产和技术经济运行体系。因此，四大直辖市在寻求新能源同时，也立足现实，投入大笔资金进行技术研发，以求提高能源利用效率来减少二氧化碳的排放。

二、产业结构调整

产业结构的优化调整对节能减排具有积极的作用。但就四大直辖市的发展情况而言，北京和上海已经逐步迈入了工业化发展的后期，重工业不再呈规模性扩张，经济增长较多地依赖于高新技术产业和现代服务业。与之相比，天津和重庆产业仍以工业为主导，在能源结构优化、产业结构转型、技术革新等方面与北京、上海还存在着一定的差距。在"十三五"规划期间以及未来的"十四五"、"十五五"时期，四大直辖市在产业结构方面将有不同的优化重点，如表9-2所示。

表9-2　四大直辖市未来减排重点预测

	"十三五"时期	"十四五"时期	"十五五"时期
北京	继续实现第三产业内部的优化升级	大力推进绿色交通建设体系	实施生活减排措施
上海	逐步推进第三产业内部优化	倡导绿色交通体系	关注生活领域减排
天津	第二产业向第三产业转型	促进第二产业向第三产业的战略化升级优化	逐步推进第三产业内部优化
重庆	第二产业向第三产业转型	促进第二产业向第三产业的战略化升级优化	逐步推进第三产业内部优化

（一）积极推动产业间转型升级

各产业能源消费量的变化基本呈现如下规律：主要的能耗部门是以工业为代表的第二产业，在工业化进程中经济的增长直接依赖于化石能源的投入量，对能源的刚性需求很难进行全面控制。第三产业是服务业，以知识经济为主要特征，其对能源消费的依赖程度大大低于第二产业，其产业发展更依赖于信息、知识、科技等因素，并且知识、科技的提升又能进一步提高能源利用效率，加速转变第二产业高能耗、高排放的发展现状，从而减少了碳排放。因此，加强第二产业向第三产业的优化升级对降低碳排放强度具有极其重要的作用。由表9-2可知，天津和重庆必须加快实现第二产业向第三产业的优化升级，在工业化生产中淘汰高能耗、高排放的落后产能，实现产业结构的优化重组，同时降低产业碳排放。大力推动第三产业发展，逐步以第三产业低碳经济发展带动第二产业实现低排放的目标，贯彻落实以信息化带动工业化的新型工业化道路。与此同时，政府应在此过程中积极出台相应的配套措施、提供各项政策支持保障产业结构的优化调整。

（二）推进产业内部结构的调整

除促进产业转型以外，各大直辖市也积极推动产业内部的优化升级，实现产业低碳经济循环。大力打造低碳产业，减少产业生产过程中不必要的能源消耗，加快打造绿色化、智能化、高端化产业，形成循环经济模式，走出一条特色鲜明的低碳能源发展之路。

三次产业内部的结构调整可以通过优化部门的能源利用率、降低能源强度、调整产业内部部门的构成等方式实现。在第二产业中，淘汰高耗能、高排放的部门，降低第二产业对能源的依赖程度，将能源消耗单一经济增长模式转变为在工业化阶段实现高附加值、低能源依赖度的第二产业的产业内结构布局。另外，发挥创新技术对第二产业碳减排的主导作用。科技进步最直接的表现是更新第二产业的机械设备，将更高效节能的设备运用到生产过程中，同时大力开发使用清洁能源，降低我国工业对化石能源的依赖，进而降低碳排放，促进产业的可持续发展。不仅如此，提升产业科技水平对于第一、第三产业的碳减排也具有重要意义。

三、大力发展低碳技术

低碳技术促使能源利用方式的转变。发展低碳技术，就是要完全改变以化石能源为主的全球能源利用的结构，低碳技术是实现低碳化发展的关键所在。当下低碳技术的开发应用，将完全改变以化石能源为基础的工业发展模式，带来能源利用方式的全面革新，即以核能和可再生能源逐步应用最终取代化石能源。低碳技术可运用于生产生活领域的方方面面。在能源利用方面，大型风力发电设备、高性价比太阳能光伏电池技术等，将大大有利于新能源的开发和使用。在交通领域，发展混合动力汽车的相关技术以及冶金、化工等领域的节能和提高能效技术。发展低碳技术，就是要统筹降低能源活动的碳排放水平，提高能源使用效率，从各个层面推进低碳技术，确定重点减排技术与工作流程，设立专项基金支持对低碳减排新材料、新技术、新工艺、新设施的研发。

第二节 差异化减排路径

基于四大直辖市不同水平的减排现状，他们在减排路径的选择上有各自不同的重点。本部分分别站在四大直辖市的角度，对其提出不同的减排路径分析。

一、北京碳减排路径分析

北京作为一个超大型城市，机动车数量每年激增，交通运输行业碳排放强度不容忽视。经济的发展必然得益于交通业发挥的作用，但交通业对碳排放的依赖程度过高，发展环境不容乐观。对交通业碳排放控制要从两大方面着手：第一，优化交通运输业的能源结构，提高能源利用效率；第二，通过制度措施加强交通运输的管制。

（一）大力发展新能源汽车

推广汽车低碳化能源的使用，改善车用能源消耗结构比例，将对碳排放有一定的抑制作用。北京可以逐步推行以电动能源汽车代替油气汽车的使用。鉴于目前新能源汽车的开发水平并不高，相应的充电站、换电站等设施并不完善，在大力推行新能源汽车的同时，也要注重新能源汽车配套设施的建设。鼓励进行汽车技术革新，降低高耗能汽车的购买频率，增加新能源汽车的使用频率。

（二）限制民用车辆，落实公车改革，促进公共交通出行

私家车数量的快速增长、公车数量的日益庞大使得能源的消耗强度无法因技术进步而降低，这是交通部门碳排放量增长的一个重要原因。对于私家车的限制，北京实施了限行及摇号的政策都没有取得预期的效果。对此，可以借鉴发达国家的经验，通过增加小汽车使用成本诸如征收牌照费、汽油费等费用控制私家车的使用数量。对于公车而言，北京是一个公车保有量很高的城市，实施公车改革将成为减轻城市碳排放量的一个有效的举措。具体而言，对于过剩的公车，可以按规定拍卖减负；降低维护保养费过高的车辆的配置限额；实施以租车代替公车的方式满足公务用车的需要等。同时，大力鼓励公共交通的发展，建设完善、便利的公共交通系统。根据人流情况制定合理的公交线路，发展快速公交，提供多层次的交通服务体系，这样既能方便市民的生活又能降低出行成本，减少碳排放量。

（三）大力促进可再生能源规模化

紧紧围绕"人文北京、科技北京、绿色北京"的总体战略，把开发利用可再生能源和新能源作为优化能源结构和增强首都创新能力的重要举措。将提升新能源和可再生能源的研发能力、扩大其利用规模和利用水平、壮大产业体系作为三个重要的着力点。大力推广太阳能和地热能等新型能源的利

用，完善光伏装备和风电装备的技术进步和产业化，鼓励生物质能的应用，努力将北京建设成为全国可再生能源和新能源高水平应用示范城市、产业技术研发创新中心和高端制造基地。立足于首都可再生能源和新能源发展基础，积极培育新能源市场需求，重点建设可再生能源发电和供热工程，努力将北京打造成为全国新能源和可再生能源的高水平应用示范城市。

二、上海碳减排路径分析

上海作为一个节能减排的先驱城市，其工业结构的调整与优化已经取得了长足的进步。所以，上海建筑体系的更新换代、工业所占比重逐年缩小，第三产业的逐步优化升级、交通体系的优化以及创新技术的应用是其减排的一个重点方向。上海要立足于本市市情与发展需要，努力走上一条经济发展与低碳发展"双赢"的可持续发展道路，充分调动各方面的力量，共同行动，共建美好城市。

（一）大力发展绿色建筑，坚持管建并举

城市化水平的不断提高，将导致建筑及其相关领域的碳排放量逐步超过工业、交通等行业，跻身高碳排放行业前列。因此，大力发展绿色建筑，加大绿色建筑的科研力度、推广绿色智能建筑技术、提倡低碳规划和设计，可以实现最大限度地节约能源资源（节能、节地、节水、节材）、保护环境、减少污染，促进建筑领域碳减排。上海要充分利用太阳能和浅层地热能等可再生能源，推进可再生能源与建筑一体化的居民建筑和公共建筑，在相关重点建筑上，可以利用屋顶、墙面等建筑空间开展各类立体绿化项目，着力推进绿色建筑体系。同时，充分调动报纸媒体等各个宣传方式，向广大群众和各类企事业单位系统宣传绿色建筑对改善民生、经济社会发展、节能降耗、环境保护等方面的重要作用，增强群众使用绿色建筑技术及产品的自觉性，促进节能、低碳、良好的社会氛围的形成。

（二） 调整淘汰低效落后产业，大力发展低能耗低排放产业

加大产业结构调整，上海要在广度、深度、力度三个方面进行，坚持源头防控，积极出台新的产业结构调整负面清单，大幅压缩淘汰落后产能，依法淘汰高耗能高排放的劣势企业。以供给侧为中心，聚焦调整与发展联动，促进资源要素合理配置与效率提升，为创新转型拓展新空间。同时，上海应大力发展现代服务业等绿色节能新兴产业，积极培育新业态和新模式，构建现代产业发展新体系。加快节能环保产业的发展，开展一批节能环保重大技术装备产业化工程，严格实施重点行业大气污染物的排放限值和排放标准，禁止新高耗能、高污染项目的开展。

（三） 发展绿色交通，强化交通管理

上海应奏响"优化综合交通体系"、"推进绿色交通建设"、"强化交通节能减排管理"三部曲，全面改革交通体系，发展绿色交通。

首先，积极优化综合交通体系。在航运方面，积极建设国际航运中心服务功能，完善现代集疏运体系，推进江海直达，发展多式联运。着力打造多层次绿色交通都市，完善轨道网、公交网建设并促进两者融合，提升公共交通体系的魅力和吸引力。优化公交路线，推行人性化全覆盖公交路线设计，新辟"最后一公里线路"。同时，完善公交体系配套化设施的建设，推进公交专用道建设，增设换乘停车场停车设施。完善新能源租车服务的配套化建设，完成新能源汽车分时租赁网点和自行车公共租赁点，优化交通环境。

其次，积极推进绿色交通建设。加快绿色港口建设步伐，促进船舶节能技术的改造，使船舶运输向清洁化方向发展。同时，在港区建设方面，推进港区绿色照明改造工程，扩大集卡全场智能调控系统应用范围，提高新能源和清洁能源替代比例。在航空和铁路建设方面，积极推行航空、铁路节油节电技术和措施，进行机场、铁路车站、轨交站点等交通场站的低碳节能改造。积极提高新型节能材料在道路建设维护中的应用，提高旧路面材料再生

利用水平。

最后，强化交通节能减排管理。在船舶和港口方面，加强船舶能效管理，鼓励对老旧船舶的更新改造替换。对靠港船舶使用燃油的进行强制性要求，加强船舶和港口污染和防治，加强对船舶违规排放行为监督检查的力度。在汽车治理方面，对高污染车辆实施限制制度，推行交通节能调度，发展绿色物流。

（四）聚焦科技创新，促进成果转化

科技创新和促进成果转化上有很好的减排效果。上海作为高新技术集聚地，在推进科技创新方面，要加大力度推广节能减排技术的研发，推进新能源汽车、智能汽车、智能电网等新兴环保产业项目的建设。鼓励建立以企业为主体、市场为导向、多种形式的产学研战略联盟，引导企业加大节能减排技术的研发投入。

另外，要利用多种宣传渠道，加快先进技术和产品推广应用。加快节能低碳环保技术产品的推广力度，鼓励用能和排放单位积极进行升级改造。支持节能环保产品电子商务建设，扩展节能环保产品应用渠道。

三、天津碳减排路径分析

天津作为北京的辐射带，聚集了众多的化工企业，并拥有诸多港口，碳排放量大，并且碳排放与 GDP 的关系仍处于正相关阶段。现阶段其主要任务是早日实现碳脱钩，为此，天津应从以下几方面进行探索。

（一）从产业维度进行调整

（1）建立创新绿色供应链管理体制机制，加快天津示范中心建设，促进绿色化发展和经济转型升级。建立有利于绿色发展的体制机制，培养树立绿色产品全生命周期管理意识；天津示范中心门户网站与 APEC 官网及部分

经济体互联互通，APEC 经济体成员合作机制不断完善；建立绿色供应链标准体系，初步形成产品绿色认证、核证体系；促使政府绿色采购、大众绿色消费成为时尚，绿色贸易大力发展；绿色金融、低碳金融等支持手段更加灵活，服务方式更加有效。

（2）促进传统产业向低碳化升级改造，大力发展新兴产业。淘汰落后产业，改革可调整产业，着眼新兴产业发展。淘汰电力、钢铁、化工等行业的落后产能；加强对冶金、电力、化工、石油石化等高碳排放行业的节能监管，加大能源审计和清洁生产审核力度，做好重点用能企业的节能降耗工作，逐步推动产业的低碳化升级改造。大力发展航空航天、新一代信息技术、生物技术与健康、新能源等低能耗、低碳排放的战略性新兴产业；发展壮大八大优势支柱产业。优先发展现代服务业。巩固和推动生产性服务业（现代物流、金融保险、科技和信息服务等）发展，提升生活性服务业（商贸餐饮、旅游休闲、房地产、社区服务等）的层次和水平，大力发展新兴服务业（创意产业、会展经济、总部经济和楼宇经济等）。

（3）积极发展低碳农业。集中建立农业园区，广泛推广农业高新技术，以沿海都市型现代农业为重点，发展绿色低碳农业。提高农业生产能力，因地制宜，合理调整农业种植布局和结构，加大投入建立农田水利基础设施，选育并推广抗逆品种，研发推广农业新技术。加大农村秸秆、畜禽粪污等农业废弃物资源化利用示范工程推广力度。

（4）优化产业空间布局。按用地集约化、产业集群化的思路，优化产业空间布局，实现产业低碳化发展。重点打造临港装备、南港石化、航空航天等十大产业集聚区，加快建设具有较高专业化水平的特色产业集群，形成"两带集聚、多极带动、周边辐射"的工业总体空间布局。促进形成"两核两轴两带"的服务业空间布局。构筑环城高端、滨海高端、北部休闲观光、中部特色四个农业功能区。

（二）从生活维度进行调整

（1）引导绿色生活方式，培养低碳消费习惯。积极推动低碳社区建设。在社区总体规划设计、建筑施工及材料选择、供能系统、交通等方面，实现绿色低碳化。推进低碳产品试点，积极开展低碳产品认证、标识等试点，培养低碳意识。完善自行车和步行道路建设，打造合理的自行车、步行空间环境；增加对公共交通的投入，引导市民选择"自行车/步行+公交/地铁"的绿色出行模式。充分利用社会媒体广泛宣传低碳消费理念，编写市民低碳行为导则和能源资源节约公约，发挥水、电等资源类消费品的价格杠杆作用，增强居民节约能源资源和低碳意识，引导合理消费，逐步形成以低碳消费为时尚的消费习惯。

（2）增加植物覆盖率，提高城市碳汇能力。依托京津风沙源治理工程、"三北"防护林工程、沿海防护林工程，实施高速公路、河流两侧、农田林网、城市周边及村镇绿化建设工程。地理条件较好的西北和北部区域、地段，因地制宜打造成片林地，增加森林面积；增加道路、河流景观绿化建设，在高速公路、铁路、国道、省道、区县级道路等地实施造林绿化，内侧实施景观设计，形成较宽生态林带。提高对现有林地的管护，改造低效林和灌木林，培育适宜的林木种苗，增强林业碳汇能力。

（三）积极开展低碳示范建设

低碳产业示范。以天津经济技术开发区新材料和新能源低碳产业试验区为依托，重点开展风力发电设备、绿色电池、太阳能电池等新能源新材料产业示范项目。

低碳能源示范。充分发挥空港经济区太阳能、地热能和非常规水源热能应用经验丰富的优势，在公共建筑中应用光伏发电技术，扩展地（水）源热泵、地热井等地热资源利用方式，提高利用效率，扩大使用规模，打造以太阳能、地热能和非常规水源热能利用为特色的低碳型能源利用体系。

低碳建筑示范。低碳楼宇建设示范：以绿色建筑设计为基础，以"零碳排放"为目标，采用先进的低碳技术，在天津经济技术开发区建设低碳大楼示范工程。绿色建筑认证示范：推进空港经济区办公区 A 地块和研发区 B 地块开展美国绿色建筑评估体系（LEED）认证工作，推广认证经验，鼓励其他园区或企业参与 LEED 认证，提升天津市绿色建筑水平。

低碳交通示范。在中新天津生态城构建以公共交通和非机动化交通为主导的绿色智能交通体系，建设人性化的绿色交通设施和环境，制定完善的交通管理政策，建立智能化交通管理系统，引导绿色出行，减少个体机动化交通。

低碳技术示范。碳捕获与封存（CCS）技术示范：联合临港经济区、南港工业区绿色煤电 IGCC 项目和大港油田，开展碳捕获与封存技术研发和示范。智能电网示范：以中新天津生态城智能电网综合配套工程为示范，探索研究区域智能电网构建技术，提高配电网对供需信息变化的反应能力和消纳可再生能源发电量的能力。

低碳社区示范。以低碳理念为指引，以低碳技术为基石，分别在天津经济技术开发区西区和南港生活区建设低碳社区示范项目，以点带面，促进城市居民价值观念和生活、消费方式的转变。建设低碳小城镇示范，以太阳能、地热能、浅层地能、工业余热等能源利用和建筑节能为重点。

四、重庆碳减排路径分析

重庆目前仍处在欠发达阶段，新型工业化、城镇化、农业现代化水平还不高，经济增长方式依旧比较粗放，地区单位生产总值能耗较高，能源环境约束趋紧，科技创新能力薄弱，要完成国家下达重庆地区单位生产总值二氧化碳排放下降的目标，任务十分艰巨。因此，重庆必须采取措施力求从各个方面做到节能减排。重庆是西部地区唯一的直辖市，它的城市化率、第三产业占比与全国的平均情况相近。重庆目前 GDP 的增长与碳排放有较强的相关性。

在政策方面，重庆先后出台了《重庆市人民政府关于加快推进全市电源建设的意见》、《重庆市建筑节能条例》、《重庆市"十二五"控制温室气体排放和低碳试点工作方案》和《重庆市生态文明建设"十三五"规划》等文件以确保能源结构逐步向清洁化低碳化转变，产业结构不断优化，大气污染得到总体控制。

（一）从产业维度进行调整

（1）总量上控制能源消耗量，特别是化石能源消耗量。加快实施水电开发项目；优化发展煤炭利用体系；增加对非可再生能源利用，比如合理规划风电项目，大力实现风电场建设，有效利用风能；加大生物质能发电和燃料乙醇等生物质液体燃料示范应用；发展畜禽养殖场规模化、工业和城市污水等沼气能源化利用；积极推行垃圾焚烧发电项目。推广运用江水源和污水源集中供冷供热技术。鼓励太阳能、小水电、生物质气化等分布式能源发展。同时，重庆加快调整产业结构，打造低碳产业体系。推进绿色制造，推动第二产业内部改革。推动钢铁、化工、摩托车制造、建材等传统工业绿色化改造，推广余热余压回收、水循环利用等绿色工艺、技术、装备。促进农业绿色发展。发展生态循环农业，推行减量化和清洁生产技术，净化产地环境，提高无公害、有机农产品比重。大力发展环保产业，以重点工程建设为基石，在环保装备制造、环保产品生产、资源综合利用、环保综合服务等领域培育一批具有工程总承包能力和工程设备成套生产能力的大型环保企业集团。并且大力发展环保服务业，依托都市功能核心区打造环保服务产业总部经济。

（2）大力发展绿色物流，加大绿色仓储中心建设，实现仓储中心节水、节能、节地，减少污染排放。新购置配送货车必须符合国Ⅳ排放标准，到2020年所有进入主城区配送车辆必须符合国Ⅳ及以上排放标准，支持选用新能源货运车。合理规划配送网络，优化配送路线，实现循环取货，提高市内货物运输效率。积极推动物流配送模式创新，以大数据和"互联网+"为手段，打造绿色智能物流体系。

（3）大力发展环保产业。以重点工程建设为依托，在环保装备制造、环保产品生产、资源综合利用、环保综合服务等领域培育一批具有工程总承包能力和工程设备成套生产能力的大型环保企业集团。培育一批年销售收入超过百亿元的龙头企业和超过50亿元的骨干企业，鼓励拥有核心技术和自主品牌的环保龙头企业做大做强，推动环保技术、装备和服务水平显著提升。建成国家重要的环保产业基地。培育七大环保产业集群。坚持发展垂直整合集群模式，形成以掌握核心技术的大企业集团为关键、中小企业专业化协作配套、社会化服务综合保障的产业体系。加大投入污水污泥处理设备制造、固体废弃物收运处理设备制造、大气污染防治设备（产品）制造、环境仪器仪表及环境修复、再生资源综合利用、固体废弃物综合利用和再制造七大环保产业集群。

（二）从生活维度进行调整

（1）改变生活垃圾处理方式。主要采取了三方面的措施。一是深入推进垃圾处理方式转变，提高焚烧发电处理率。认真编制"十三五"垃圾焚烧发电规划，推进区县焚烧发电厂的建设和管理工作，大幅提高焚烧发电处理率，实现生活垃圾的减量化和低碳化的"双赢"。二是有序推进生活垃圾分类回收，提高垃圾源头低碳化水平。统筹设置生活垃圾分类收运处理设备，完善垃圾分类投放、收集和运输设施，在主城区大型楼盘等人口密集区域进行垃圾分类试点，实施可回收垃圾的资源化利用，从源头上减少碳排放，大幅减轻后续处理负担和难度。三是积极推进低碳技术应用，提高低碳循环水平。积极推进填埋场垃圾可回收利用填埋气发电、垃圾场膜覆盖、填埋气回收利用等技术，实现垃圾处理环节的低碳运行，对臭气等环境污染进行有效控制。

（2）构建低碳生活方式，加大政府宣传。重庆可以综合利用媒体宣传、活动举办等多种手段，将低碳生活宣传、深入到每个市民的生活中。在大渝网和重庆卫视等主流门户网站设置生态文明建设专栏，建立"美丽重庆·低碳城市"新浪机构微博，每周发送低碳手机报。开展"地球熄灯一小时"、"低碳生活进我家"等绿色环保活动，引导市民以行动支持低碳生活。

第十章　加快四大直辖市实现全面碳减排的政策建议

控制温室气体排放的目标实现需要政府的"顶层设计"，即政府从宏观角度制定既符合减排目标，又适应经济社会发展要求，同时考虑不同区域、不同行业承载能力的减排指标体系。北京、上海、天津、重庆作为国家划定的低碳省区试点地区，为了保证各自上述减排路径的实现，我们建议政府在顶层设计方面既要执行总体的保障政策，又要针对各自特点制定成熟的制度规范或战略行动指南。

第一节　四大直辖市全面碳减排总体建议

出台有效的经济激励政策并加强宣传，提高全民减排意识、加强低碳技术的投入是四大直辖市的全面碳减排均可以借鉴采取的措施。

（一）积极出台有效的经济激励政策

低碳经济的发展不仅需要政策、法律法规等方面的支持和保障，还需要一定的经济激励手段来调节企业节能减排的积极性。发达国家的经济激励政策已经取得显著的效果，我国应该在借鉴发达国家先进经验的基础上，结合我们的实际情况，在包括财政补贴、税收优惠和绿色信贷等各个方面采取相应的经济激励政策，具体可以分为激励性财政政策和激励性税收政策。

1. 激励性财政政策

低碳经济的发展必然需要高技术和高运营成本投入的问题，但其对社会带来长期性的巨大社会效益，政府应该鼓励低碳技术的发展，可以通过财政政策的适当倾斜，鼓励和支持积极采用清洁能源、采用低碳化生产和销售方式的低碳发展模式的企业，并对这些企业施以财政补贴。政府通过财政政策的方式激励低碳化的发展，不仅有助于受益企业的低碳化发展，也会对未来进入市场的同类企业产生激励作用，从而更好地引导宏观经济走上低碳化发展道路。

2. 激励性税收政策

类似于激励性财政政策，政府通过税收减免等措施同样可以支持低碳企业的发展。而与之不同的是，政府的税收优惠政策有着一举两得的效用，不仅可以通过价格杠杆的作用鼓励企业对低碳生产和低碳销售方式的探索，还能通过对高污染、高碳排放企业的惩罚性税收政策增加政府的税收收入，这又增加了政府实施激励性财政政策的资金来源。

（二）宣传节能减排意识，引导居民低碳消费

居民作为消费的主体，是构建低碳消费模式的中坚力量，居民节能减排意识的提高对于发展我国低碳经济有着至关重要的作用。低碳消费既是一种节能环保的美德，更是一条可持续路径。但就实际而言，我国居民的减排意识和低碳消费理念仍然薄弱，铺张浪费、消费结构不合理的现象时常发生，严重制约了低碳经济的实现和发展。因此，我们要调动社会各界的力量，从各个不同的层次进行，诸如社区、媒体、学校、政府等各个方面，对居民进行节能减排教育、宣传低碳消费理念。

1. 社区开展以家庭为单位的低碳消费宣传活动

社区是不同年龄层和工作领域的居民的聚集区，是宏观社会的缩影，是居民之间进行密切沟通和交往的区域。因此，在社区中开展低碳消费宣传有着得天独厚的优势。通过积极倡导节能减排和低碳消费意识，在为每户居民提供基础性低碳教育的同时，也形成了节能环保的社区文化，对周边地区也有一定的辐射效应，通过社区宣传低碳消费理念，会产生更大的影响力和号召力。

2. 媒体加强宣传广度和深度，倡导低碳生活理念

自媒体时代的到来，表明媒体已经成为普遍且影响范围广泛的信息传播工具，在构建低碳消费模式、发展低碳经济的过程中，通过媒体宣传环保节能意识具有广泛性和影响力。具体而言，既可以通过报纸、杂志的传统方式，对不同人群进行有针对性的低碳消费的宣传，也可以通过电视、广播、网络等提供生动的影像资料示范低碳消费模式和环保理念，或者通过互联网这一新兴且快速发展的媒介方式更加广泛地传播低碳生活理念。

3. 学校组织低碳教育活动，发挥学生的文化传播作用

学校作为一个传播知识、宣传文化的场所，对学生这样一种具有较高开放性和领悟能力的群体进行低碳宣传教育，不仅能够带动各自家庭的低碳消费，还能强烈影响着低碳社会文化的传播，通过学生群体，扩大低碳消费与低碳生活理念在社会范围内的影响力。因此，教育部门应将低碳环保意识渗透到学生的思维与生活习惯中，从而充分发挥学生在建立低碳社会中的文化传播作用。

4. 政府开展形式多样的环保培训，营造低碳文化氛围

目前讲，我国居民的低碳环保意识相对薄弱，对于低碳消费模式、低碳经济的理解带有一定的偏差。因此，政府要努力构建一个低碳文化氛围浓厚的社会环境。

政府宣传部门要充分利用公共资源传播环保知识，增强民众的节能减排意识，引导居民低碳消费和生活模式，以此促进低碳经济的发展。具体讲，

既可以在街道、公路和公园等公共场合使用标语、条幅等简单易行的方式进行宣传，也可以通过组织低碳理念公开课、免费发放相关教材强化低碳文化传播的工作。同时，开展形式多样的环保培训，对于提升居民的节能减排意识，形成居民从日常消费品、生活能源、家用电器、公共交通等各个方面主张低碳消费的良好文化氛围具有重要作用。

（三）加大低碳技术投入，不断优化产业结构

低碳技术是低碳经济的核心，是实现低碳经济的根本路径。低碳技术涉及范围广，电力、交通、建筑、冶金、化工、石化等部门均可以运用低碳发展技术。发展低碳技术会对国民经济的结构调整及发展方式的转型产生深远的影响。只有实现了技术手段上的突破和产业结构的优化重组，才能为低碳经济的发展提供最基本的条件和物质保障。产业结构的低碳化是经济发展低碳化的重要途径。因此，要加大对低碳技术的研发投入，创造宽松的技术创新环境和有利条件，推动产业结构的优化升级。

1. 加大低碳技术的资金投入，为产业结构的升级提供资金支持

低碳技术研发具有周期长、风险大的特点，在转化为经济成果之前，往往需要大量的资金支持，但低碳技术给未来带来的经济效应具有长远性的效果。因此，无论是政府还是企业都应具有一定的战略眼光，提高对技术需求的敏感度，加大低碳技术的研发投资。对于政府而言，应该对一些具有较大发展潜力的技术研发给予一定的资金扶助或者税收减免，以保障低碳技术研发的连贯性。对于企业自身而言，也应加强对技术研发和创新的重视，保证企业核心科技的及时更新换代。当低碳技术不断发展成熟，会逐步替换落后高能耗产品的使用，要调整相应的产业结构，从而逐渐实现低碳化发展。

2. 加强政府、企业与高校合作，完善低碳技术的人才队伍建设

科学技术的研发，人才是关键。但目前我国在诸多低碳技术方面的研究都是匮乏的，相关专业技术人员的缺少，使得我国在短期内难以取得技术研

发上的突破。毫无疑问，高校作为人才培养的摇篮，聚集着大量高学历的技术人才。因此，积极建立附属于高校的低碳技术研究中心，加强政府、企业与高校间的合作，以解决高校人才与企业供需不平衡及高校毕业生所掌握的知识滞后于当前低碳经济发展趋势的问题，形成低碳技术研发的良性循环结构。

3. 积极参与国际合作，引入先进低碳技术

我国低碳经济发展缓慢，与发达国家的先进低碳技术水平相去甚远。因此，为了弥补我们在低碳技术研究方面的不成熟和空白，紧跟全球低碳经济发展潮流，我国在增强低碳技术自主研发和创新能力的同时，也要积极引进发达国家的领先技术，从而有效改善我国低碳技术相对落后的格局。政府的资金与政策支持对低碳技术的引进具有相当大的支撑作用。政府可以积极出台吸引发达国家和企业向我国投入低碳研发资金及技术的优惠政策。同时，向企业提供资金支持，以促进国外先进低碳技术的顺利引入。企业在引进国外先进技术的同时要把握技术引进的限度，绝不能因盲目引进国外技术而失去企业发展的自主性，要因地制宜结合我国发展的实际情况。因此，对低碳发展模式的探索，要持开放态度，积极引入发达国家先进碳技术，同时消化吸收，并转化为自身技术体系的一部分；保持企业的自主性，培养企业自主创新能力，完善自身低碳技术体系建设，实现企业在低碳经济道路上的良性持续发展。

第二节　北京全面减排政策建议

人口众多是北京发展的一大特点。高密度的人群必然会产生更多的能耗，包括建筑、交通、生活用能耗费等，同时居民生活水平的提高，居民的消费偏好也会发生变化，由此带动了生活能源消费的快速增长，也会造成碳

排放的不断增加。

针对北京突出的问题，优化人口结构、提倡公车出行、发展绿色建筑等成为北京节能减排的关注点和切入点。

（一）优化人口结构，适度控制人口规模

北京作为超大城市，庞大的人口数量是拉动能源消费碳排放增长的一个主要因素。因为人口的增长会增加对能源的消费需求，从而带来更多的碳排放。适当控制人口数量，能有效减少资源和环境的压力。针对北京人口发展角度方面的节能减排对策，我们建议北京以向周边城市转移项目和资金的形式疏散北京城中心的人口。在城市化进程中，积极完善现有的户籍制度，合理分布人口，引导和安排外来务工人员向北京城区的迁移。同时，完善外来人口的进京准入制度，注重优化人口结构与人口素质，避免人口过快增长，将人口数量控制在与环境承载力相协调的规模上。

（二）积极促进绿色交通体系的建设

私家车和公车是导致北京交通碳排放增长的两大推手。经济的发展使得私家车数量和公车数量不断增长，但同时也成为拉动交通部门碳排放增长的一个重要因素。在对私家车的治理方面，可以通过适当的税收制度，增加私家车购置和使用成本，从而限制私家车的购置数量。对公车可以通过限制定额、租车等形式减轻城市交通负担。同时，鼓励发展公共交通，完善公共交通体系，制定便利的公共交通服务标准，提升公共交通的魅力，从而节约能源，减少排放。

（三）推行能源价格改革，发展绿色建筑，促进能源节约

制定合理的能源价格能够推动居民意识的提高，减少能源消费。政府应制定能源价格的调整并在社会范围内推广使用。具体讲，政府可以通过抬高电力价格的方式减少居民对电力的使用。同时，降低对天然气定价的各种限

制，进行天然气定价机制的改革，让天然气的价格能够反映市场的需求。在建筑方面，鼓励因地制宜的兴建节能低碳住宅以进一步节约能源，因为建筑节能材料的应用、绿色设计和创新能源供应系统使能源消耗，水和材料比传统建筑物少得多。对各种能源管网要定期优化，防止能源在生产流通过程中出现意外损失。

第三节　上海全面减排政策建议

上海作为中国的港口城市、碳交易的先行单位和科技及经济发达的城市，应立足城市特色，发展绿色港口交通体、完善碳排放市场运营机制、以科技助力低碳事业的发展。

（一）促进减排制度建设，完善碳交易市场环境

发展低碳经济既要有提升居民节能减排意识等软性措施，更需要一套行之有效的完善碳交易的市场环境制度框架，以此更加科学合理地分配温室气体排放权。上海正在通过碳交易的先行先试的示范区域碳排放交易、节能减排、环保技术交易等项目的开展，努力实现碳减排的政策目标。在接下来的进程中，要进一步持续推进本市碳排放交易工作。要建立健全合理的碳交易市场制度，保障碳排放权的有效配置。为了管理和规范碳排放交易的市场秩序，政府应出台一系列有关节能减排和环境保护的政策法规。碳交易市场也需要有法可依、有法必依，明晰碳交易市场上的权责分配，将碳交易纳入法治轨道运行，从而维护碳交易市场秩序的稳定。同时，扩大纳入配额管理的主体范围，完善本市碳排放报告核算方法和配额分配方法，在深化推进本市碳交易机制的同时，有步骤地与国家碳市场实现衔接，进一步提升上海碳市场在全国碳市场的影响力和竞争力。对于自愿减排且减排成果可观的企业，

以一定的资金奖励和荣誉表彰，充分提高相关产业的减排积极性。

（二）强化港口交通节能减排管理

上海作为我国沿海的交通枢纽，每年99%的外贸运输都通过港口进出。港口运输消耗大量能源，既是温室气体排放的重要来源之一，也是上海市政府需要强化管理的重点。因此，上海市政府应该加快绿色港口建设，促进运输船舶向大型化、专业化、清洁化方向发展，促进液化天然气（LNG）在水运行业的应用。实施船舶港口绿色化能效管理系统，推行节能船舶的使用，鼓励高耗能老旧船舶拆解。提高新能源和清洁能源替代比例。开展港区绿色设施工程，推广绿色智能调控系统的应用范围，加强互联互通，加强违规占用公交专用道执法监管。推行交通节能调度，发展绿色物流。

（三）聚焦科技创新，促进成果转化

上海作为我国科技发达城市，应该发挥其研发优势，大力发展绿色技术，推进智能电网、智能汽车等环保项目的建设。依托老港循环经济园区，促进城市废弃物清洁能源转化。积极鼓励建立以企业为主体、市场为导向、多种形式的产学研战略联盟，加强企业与高校的结合，引导对节能减排技术研发的大力投入。同时，加快先进技术和产品推广应用，加快节能低碳环保技术产品推广力度，支持节能环保产品电子商务建设，扩展节能环保产品应用渠道。

第四节　天津全面减排政策建议

天津第二产业和第三产业的比例基本持平，目前处于工业化进程的中后期。因此，天津的碳减排潜力很大，政府应当大力实施减排政策，以推动天

津经济低碳化发展。

（一）制定税收政策促进节能减排

政府应当制定恰当的税收政策，积极引导企业完善自身节能减排设施，自觉做到节能减排。

第一，完善资源税的征税体系，将那些亟待保护开发和利用的资源纳入资源税的征收范围。

第二，改进资源税的计算征收方式，将现行的以销售量或耗用量为计税依据改为按产量计税，提高资源的利用率。

第三，提高资源税的税率。依据资源类型不同和现行的税收征管水平，采取不同的税率。

（二）建立碳交易市场运作机制

1. 开展碳排放权交易试点

根据各地实际情况研究制定具有地方工作特色的碳排放权交易试点工作实施方案，加快建立包括总量目标、监测报告核查、配额管理、交易、市场监管和政策法规等要素的基本框架体系，积极推进碳排放权交易支持体系建设，认真做好碳排放权交易试点工作，探索形成符合天津经济特点的碳排放权交易体系。

2. 建立自愿碳减排交易体系

积极开展碳减排交易体系建设，逐步建立规范的自愿碳减排管理机制，建立健全相关的登记结算、核证认证、信息发布等制度，积极开发交易产品，完善交易服务，健全交易市场。

3. 积极推广绿色采购

认真贯彻落实商务部、环保部、工信部联合制定的《企业绿色采购指南（试行）》，引导企业按照经济效益与环境效益兼顾的原则，建设绿色供应链，树立绿色采购理念。根据企业结合行业特点，借鉴国际先进经验，设立绿色供应商筛选和认定条件，并通过各种途径公开筛选和认证。引导和支持采购商建立绿色供应链管理体系，自觉实施和强化绿色采购，承担环境保护的社会责任。

第五节　重庆全面减排政策建议

整体来说，相较于东部发达地区，重庆还处于经济发展与碳排放正相关阶段，因此重庆的节能减排政策必须兼顾经济发展。重庆现在要一手抓发展一手抓减排，要与东部地区同步实施低碳发展战略，压力更大，这既是挑战也是机遇。

（一）合理城市规划，系统性降低城市能耗

重庆正处于城市化进程中后期，一些区县的用地规划缺乏战略眼光，城市土地使用布局发展无序，若能从城市能源消耗最小化的视角提升与优化城市规划，可以有效减少重复建设、节约资源和能源，起到节能减排的效果。重庆作为长江上游的经济中心之一，国家城乡统筹发展综合改革试验区和两江新区的批准建设给重庆注入了新的独特的后发优势。重庆应当借此东风，立足西南，统筹全市，合理规划城市用地布局，优化城市交通，优化原有不合理布局，力求做到系统性减排，从源头上降低生活、工作和交通中的能源消耗。

（二）提供财政保障，促进节能减排

贯彻政策部署推进节能减排指标任务落实，制定目标任务奖惩机制，督促各部门认真落实减排指标，共促低碳社会。结合发展实际，突出节能减排重点项目支持，在财政资金的投入上，着力于淘汰落后产能，促进全市工业

的战略性转型和结构调整升级。加强资金保障，引领节能减排机制体制创新，节能减排财政资金带动长效机制建设和机制体制创新。制定工业绿色发展政策，确保高污染、高耗能行业占比和主要污染物排放大幅下降，提高工业固体废弃物利用率。加大低碳技术自主创新投入。设立"低碳科技专项资金"，加大财政投入，支持节能、可再生能源、低碳科技的创新研发和能力项目建设。

（三）加强低碳宣传，培养低碳意识

1. 开展节能低碳主题宣传活动

通过宣传展示、技术交流等方式，宣传人与自然相互依存、共存共荣的生态文明理念，培养节约集约循环利用的新资源观，并且采用节能、节水、能源消费总量控制、发展循环经济、改善生态环境等新举措，普及低碳相关科学知识，表彰节能低碳先进企业典型，大力推广高效节能低碳技术和产品，倡导勤俭节约的生产方式、消费模式和生活习惯。

2. 开展节能低碳进机关行动

发挥公共机构在节约能源资源中的带头作用，落实绿色发展理念和生态文明建设要求，全面贯彻国家《关于加快推进生态文明建设的意见》、《关于促进绿色消费的指导意见》和省委、省政府印发的《加快推进生态文明建设的实施方案》。组织各级公共机构开展节约能源资源促进生态文明建设活动，引领全社会厚植崇尚勤俭节约的社会风尚，普及节能科技和常识，支持应用新能源汽车等新产品、新技术，养成绿色生活、绿色办公、绿色消费的良好行为习惯，深入开展节约型机关、节约型校园、节约型医院的宣传活动，充分发挥公共机构的示范带头作用。

3. 开展节能低碳进校园行动

把生态文明教育列为素质教育的重要内容，在各级中小学广泛开展以节能低碳、绿色文明等为重点内容的教育教学和社会实践活动，促使广大青少年牢固树立节能低碳环保理念，反对浪费的行为习惯，培养勤俭节约，营造

节约型绿色校园的良好氛围。在青少年中大力宣传低碳环保的理念与知识。在企业青年职工中开展节能减排创效活动，发动青年志愿者、青年环保组织和学生社团宣传开展实践活动。充分利用微博、微信、动漫等新媒体手段，增强节能环保意识，倡导低碳生活理念。

参考文献

［1］朱勤，魏涛远．居民消费视角下人口城镇化对碳排放的影响［J］．中国人口·资源与环境，2013，23（11）：21-29.

［2］王路云．重庆市碳排放现状及低碳发展路径分析［J］．美与时代（城市版），2016（8）：41-42.

［3］杨颖．区域低碳经济发展水平评价体系构建研究——以湖北省为例［J］．经济体制改革，2012（3）：55-58.

［4］陈红敏．国际碳核算体系发展及其评价［J］．中国人口·资源与环境，2011，21（9）：111-116.

［5］佟昕，李学森．区域碳排放和减排路径文献前沿理论综述［J］．经济问题探索，2017（1）：169-176.

［6］王兰会，王凤葵，张颖．碳税对碳排放影响的实证研究［J］．中国人口·资源与环境，2012，22（S1）：261-263.

［7］倪外．基于低碳经济的区域发展模式研究［D］．华东师范大学博士学位论文，2011.

［8］张英．区域低碳经济发展模式研究［D］．山东师范大学博士学位论文，2012.

［9］许鹏．山东半岛碳排放评估及低碳发展对策研究［D］．山东师范大学博士学位论文，2014.

［10］辛章平，张银太．低碳经济与低碳城市［J］．城市发展研究，2008，

15（4）：98-102.

　　［11］王璟珉，聂利彬．低碳经济研究现状述评［J］．山东大学学报（哲学社会科学版），2011（2）：66-76.

　　［12］陈柳钦．低碳经济：国外发展的动向及中国的选择［J］．甘肃行政学院学报，2009（6）：83-89.

　　［13］陈柳钦．低碳经济：全球经济发展新趋势［J］．湖南城市学院学报，2010，31（1）：46-52.

　　［14］陈柳钦．低碳经济：一种新的经济发展模式（中）［J］．实事求是，2010，4（2）：16-18.

　　［15］葛巍．河北发展低碳经济的思考［J］．河北联合大学学报（社会科学版），2011，11（3）：37-39.

　　［16］杨丹辉，李伟．低碳经济发展模式与全球机制：文献综述［J］．经济管理，2010（6）：164-171.

　　［17］高冠龙．中国与欧盟、美国碳减排对比分析［D］．山西大学博士学位论文，2013.

　　［18］谭静．低碳经济——中国可持续发展的必然选择［J］．中国石油和化工经济分析，2009（12）：6-10.

　　［19］张帅，张军．西部地区发展低碳经济的困境和出路——以贵州省为例［J］．学理论，2010（32）：70-71.

　　［20］李东光．绿色物流与低碳物流辨析［J］．中国储运，2010（12）：92-93.

　　［21］曾珠，周一．主要发达国家发展低碳经济的经验［J］．商业研究，2010（12）：183-186.

　　［22］张欣．中国发展低碳经济的机遇与挑战［J］．中国发展，2010，10（6）：9-12.

　　［23］何复伦．关于低碳经济背景下绿色包装的探讨［J］．商场现代化，2011（9）：56-56.

［24］欧阳培．低碳经济与湖南转变经济发展方式［J］.再生资源与循环经济，2011，4（6）：16-20.

［25］梁青青．我国农地资源利用的碳排放测算及驱动因素实证分析［J］.软科学，2017，31（1）：81-84.

［26］张志强，曾静静，曲建升．世界主要国家碳排放强度历史变化趋势及相关关系研究［J］.地球科学进展，2011，26（8）：859-869.

［27］朱江玲，岳超，王少鹏等．1850~2008年中国及世界主要国家的碳排放——碳排放与社会发展［J］.北京大学学报（自然科学版），2010，46（4）：497-504.

［28］虞义华，郑新业，张莉．经济发展水平、产业结构与碳排放强度——中国省级面板数据分析［J］.经济理论与经济管理，2011，3（3）：72-81.

［29］常凯，王维红．热电厂燃料转换的期权价值［J］.中国软科学，2010（s1）：102-104.

［30］张弢，范龙振．低碳经济与商业银行业务模式的转变［J］.金融论坛，2010（8）：76-80.

［31］宋祺佼，王宇飞，齐晔．中国低碳试点城市的碳排放现状［J］.中国人口·资源与环境，2015，25（1）：78-82.

［32］郭然然．北京市能源消费、二氧化碳排放与经济增长关系的实证研究［D］.首都经济贸易大学博士学位论文，2015.

［33］李一帆．上海旅游房地产公司营销策略研究［J］.企业导报，2013（1）：174-176.

［34］许淑红．上海与金砖银行［J］.金融博览，2014（17）：14-15.

［35］王路云．低碳经济视角下重庆市产业构调整路径研究［J］.江西建材，2016（22）：230-231.

［36］曹晓仪，林天应，董治宝等．重庆市城市化水平与生态压力关系研究［J］.重庆师范大学学报（自然科学版），2011，28（2）：35-39.

［37］徐广福 . 区域寻宝之长江上游［J］. 证券导刊, 2010（14）：24-25.

［38］聂强 . 中国四个直辖市投资环境竞争力比较研究［J］. 开发研究, 2010（6）：88-90.

［39］张强, 黄森, 蒲勇健 . 区域产业集聚与经济增长影响因素研究［J］. 重庆大学学报（社会科学版）, 2015, 21（3）：1-7.

［40］魏芸 . 基于碳排放的重庆产业结构调整研究［D］. 重庆大学博士学位论文, 2013.

［41］袁虎 . 基于 LMDI 方法的京津沪渝四市碳排放差异研究［D］. 南京航空航天大学博士学位论文, 2012.

［42］范凤岩 . 北京市碳排放影响因素与减排政策研究［D］. 中国地质大学（北京）博士学位论文, 2016.

［43］陈理浩 . 中国碳减排路径选择与对策研究［D］. 吉林大学博士学位论文, 2014.

［44］佚名 . "十二五"我国石油和化学工业结构调整重点［J］. 煤炭与化工, 2011, 34（2）：2-5.

［45］毕晓航 . 城市化对碳排放的影响机制研究［J］. 上海经济研究, 2015（10）：97-106.

［46］陈卫东, 王军 . 我国城市碳排放结构及影响因素分析——以天津市和北京市为例［J］. 天津大学学报（社会科学版）, 2015（4）：289-295.

［47］张莹, 刘健 . 天津城市低碳发展状况研究［J］. 城市, 2016（10）：47-52.

［48］中华人民共和国国家统计局 . 中国统计年鉴（2008）［M］. 北京：中国统计出版社, 2008.

［49］苏方林, 李臣, 张瑞 . 我国中部欠发达省经济低碳发展影响因素个案研究及启示［J］. 学术论坛, 2011（8）：128-130.

［50］许鹏 . 山东半岛碳排放评估及低碳发展对策研究［D］. 山东师范

大学博士学位论文，2014.

[51] 潘雄锋，舒涛，徐大伟．中国制造业碳排放强度变动及其因素分解 [J]．中国人口·资源与环境，2011，21（5）：101-105.

[52] 孙作人，周德群，周鹏．工业碳排放驱动因素研究：一种生产分解分析新方法 [J]．数量经济技术经济研究，2012（5）：63-74.

[53] 吴振信，石佳，王书平．基于 LMDI 分解方法的北京地区碳排放驱动因素分析 [J]．中国科技论坛，2014（2）：85-91.

[54] 孙建卫，赵荣钦，黄贤金等．1995~2005 年中国碳排放核算及其因素分解研究 [J]．自然资源学报，2010（8）：1284-1295.

[55] 张晓梅，庄贵阳．中国省际区域碳减排差异问题的研究进展 [J]．中国人口·资源与环境，2015，25（2）：135-143.

[56] 孙辉煌．我国城市化、经济发展水平与二氧化碳排放——基于中国省级面板数据的实证检验 [J]．华东经济管理，2012，26（10）：69-74.

[57] 程豪．碳排放怎么算——2006 年 IPCC 国家温室气体清单指南 [J]．中国统计，2014（11）：28-30.

[58] 王立平，张海波，刘云．基于 EBA 模型的中国碳排放稳健性影响因素研究 [J]．地理科学，2014，34（1）：47-53.

[59] 刘婕，魏玮．城镇化率、要素禀赋对全要素碳减排效率的影响 [J]．中国人口·资源与环境，2014，24（8）：42-48.

[60] 朱勤，彭希哲，陆志明等．人口与消费对碳排放影响的分析模型与实证 [J]．中国人口·资源与环境，2010，20（2）：98-102.

[61] 郭朝先．产业结构变动对中国碳排放的影响 [J]．中国人口·资源与环境，2012，22（7）：15-20.

[62] 王韶华，于维洋，张伟．我国能源结构对低碳经济的作用关系及作用机理探讨 [J]．中国科技论坛，2015（1）：119-124.

[63] 邓吉祥，刘晓，王铮．中国碳排放的区域差异及演变特征分析与因素分解 [J]．自然资源学报，2014，29（2）：189-200.

［64］邓向辉，李惠民，齐晔．我国衣着低碳消费的路径选择［J］．生态经济（中文版），2012（11）：128-132．

［65］郭韬．中国城市空间形态对居民生活碳排放影响的实证研究［D］．中国科学技术大学博士学位论文，2013．

［66］李娜，石敏俊，袁永娜．低碳经济政策对区域发展格局演进的影响——基于动态多区域 CGE 模型的模拟分析［J］．地理学报，2010，65（12）：1569-1580．

［67］张友国．区域间供给驱动的碳排放溢出与反馈效应［J］．中国人口·资源与环境，2016，26（4）：55-62．

［68］郭正权．基于 CGE 模型的我国低碳经济发展政策模拟分析［D］．中国矿业大学（北京）博士学位论文，2011．

［69］张坤民．低碳世界中的中国：地位、挑战与战略［C］// 生态文明·全球化·人的发展，2009：1-7．

［70］李飞，庄贵阳，付加锋等．低碳经济转型：政策、趋势与启示［J］．经济问题探索，2010（2）：94-97．

［71］尼克·达拉斯等．低碳经济的 24 堂课［M］．北京：电子工业出版社，2010．

［72］刘玲．国外发展低碳经济政策与实践对我国的启示［J］．价值工程，2010，29（21）：183-185．

［73］黄栋，李怀霞．论促进低碳经济发展的政府政策［J］．中国行政管理，2009（5）：48-49．

［74］戴刚．基于 MSIASM 和能源消费碳排放的中国四大直辖市可持续性评价［D］．浙江大学博士学位论文，2013．

［75］郭晶．低碳目标下城市产业结构调整与空间结构优化的协调——以杭州为例［J］．城市发展研究，2010（7）：25-28．

［76］赵秀娟．低碳转型目标下产业结构优化的机制与政策研究［D］．暨南大学博士学位论文，2015．

［77］孙起生．基于低碳经济的县域产业结构优化研究——以乐陵市为例［D］．北京交通大学博士学位论文，2010.

［78］郭少康．政府低碳财政政策的选择与优化研究——基于 LMDI 分析并以广东省为例［J］．汕头大学学报（人文社会科学版），2014（3）：62-67.

［79］蔡丽丽．低碳经济目标下的上海产业结构优化政策研究［D］．上海交通大学博士学位论文，2010.

［80］张志强，曾静静，曲建升．世界主要国家碳排放强度历史变化趋势及相关关系研究［J］．地球科学进展，2011，26（8）：859-869.

［81］马晓明，胡贝蒂，粟辉等．深圳市制造业碳减排路径研究［J］．现代管理科学，2016（11）：63-65.

［82］管军，刘晓明．区域低碳经济模式发展的路径及策略研究［J］．中国集体经济，2011（2S）：49-50.

［83］陈跃，王文涛，范英．区域低碳经济发展评价研究综述［J］．中国人口·资源与环境，2013，23（4）：124-130.

［84］张丽君，荣培君．面向"十三五"低碳发展的河南省碳减排路径［J］．中国人口·资源与环境，2015，25（183）：29-32.

［85］刘鸿渊，孙丽丽．跨区域低碳经济发展模式研究［J］．经济问题探索，2011（3）：169-172.

［86］刘明达，蒙吉军，刘碧寒．国内外碳排放核算方法研究进展［J］．热带地理，2014，34（2）：248-258.

［87］李云燕，羡瑛楠．北京市能源消费与碳排放现状、预测及低碳发展路径选择［J］．中央财经大学学报，2014，1（6）：105-112.

［88］赵楠．北京等四直辖市能源利用效果的对比分析——描述统计与面板数据研究［J］．城市发展研究，2009，16（1）：114-119.

［89］李泽涛．我国区域低碳经济的发展策略研究——天津的实证分析［D］．天津大学博士学位论文，2012.

［90］王萱，宋德勇．碳排放阶段划分与国际经验启示［J］．中国人口·资源与环境，2013，23（5）：46-51.

［91］张晨栋，宋德勇．工业化进程中碳排放变化趋势研究——基于主要发达国家 1850～2005 年的经验启示［J］．生态经济（中文版），2011（10）：24-28.

［92］刘华军，鲍振，杨骞．中国二氧化碳排放的分布动态与演进趋势［J］．资源科学，2013，35（10）：1925-1932.

［93］童俊军．国际温室气体核算标准比较分析［J］．中国标准导报，2011（12）：13-15.

［94］葛琳珊，罗宾·坎普．建立中国的碳核算系统［J］．资源与人居环境，2009（15）：60-61.

［95］http：//www. mlr. gov. cn/xwdt/jrxw/201411/t20141106_1334591. html.

［96］杨秀，付琳，丁丁．区域碳排放峰值测算若干问题思考：以北京市为例［J］．中国人口·资源与环境，2015（10）：39-44.

［97］APPC 中国达峰先锋城市峰值目标及工作进展［D］．2016（中文版）.

［98］Schmidt H. Carbon Footprinting, Labelling and Life Cycle Assessment［J］. International Journal of Life Cycle Assessment, 2009, 14（1）：6-9.

［99］Goebelbecker J, Albrecht E. VSS Where Formal Regulations are Missing：Potential Study on Example of Nanotechnologies［M］// Voluntary Standard Systems. Springer Berlin Heidelberg, 2014.

［100］Filho W. L., Voudouris V. Towards Integrated Environmental Management Systems［J］. Social Science Electronic Publishing, 2009（1）：7-14.

［101］BSI, Carbon Trust, Defra. PAS 2050：2008 Specification for the Assessment of the Life Cycle Greenhouse Gas Emissions of Goods and Services［EB/OL］. 2008a. http：//shop. bsigroup. com/en/Browse by-Sector /Energy-Utilities / PAS-2050/.

［102］Iribarren D., Vázquez-Rowe I., Hospido A., et al. Estimation of the

Carbon Footprint of the Galician Fishing Activity (NW Spain) [J]. Science of the Total Environment, 2010, 408 (22): 5284-5294.

[103] BSI, Carbon Trust, Defra. Guide to PAS 2050: How to Assess the Carbon Footprint of Goods and Service [EB/OL]. http://shop.bsigroup.com/en/Browse-by-Sector/Energy-Utilities/PAS-2050/2008b.

[104] Sheinbaum C., Ozawa L., Castillo D. Using Logarithmic Mean Divisia Index to Analyze Changes in Energy Use and Carbon Dioxide Emissions in Mexico's Iron and Steel Industry [J]. Energy Economics, 2010, 32 (6): 1337-1344.

[105] Fan T., Luo R., Xia H., et al. Using LMDI Method to Analyze the Influencing Factors of Carbon Emissions in China's Petrochemical Industries [J]. Natural Hazards, 2015, 75 (2): 319-332.

[106] Dong F., Long R., Chen H., et al. Factors Affecting Regional Per-Capita Carbon Emissions in China Based on an LMDI Factor Decomposition Model [J]. Plos One, 2013, 8 (12): 80-88.

[107] Liddle B. Impact of Population, Age Structure, and Urbanization on Carbon Emissions/Energy Consumption: Evidence from Macro-level, Cross-country Analyses [J]. Population & Environment, 2014, 35 (3): 286-304.

[108] Dhakal S. GHG Emissions from Urbanization and Opportunities for Urban Carbon Mitigation [J]. Current Opinion in Environmental Sustainability, 2010, 2 (4): 277-283.

[109] Dhakal S., Kaneko S., Imura H. CO_2 Emissions from Energy Use in East Asian Mega-Cities: Driving Factors, Challenges and Strategies [J]. Doboku Gakkai Ronbunshuu, 2003 (31): 209-216.

[110] Abolhosseini S., Heshmati A., Altmann J. The Effect of Renewable Energy Development on Carbon Emission Reduction: An Empirical Analysis for the EU-15 Countries [J]. Iza Discussion Papers, 2014 (1): 7-14.

[111] Nakata T., Lamont A. Analysis of the Impacts of Carbon Taxes on En-

ergy Systems in Japan ［J］. Energy Policy, 2000, 29 （2）: 159-166.

［112］Schreurs M. A. Orchestrating a Low-Carbon Energy Revolution Without Nuclear: Germany's Response to the Fukushima Nuclear Crisis ［J］. TheoreticalInquiries in Law, 2013, 14 （1）: 83-108.